DE

LA PRODUCTION CHEVALINE

EN FRANCE

ET DE L'INTERVENTION DE L'ÉTAT.

DE

LA PRODUCTION CHEVALINE

EN FRANCE

ET

DE L'INTERVENTION DE L'ÉTAT,

par

M. Eug. Tisserant,

Professeur à l'École impériale vétérinaire, secrétaire général de la Société d'agriculture, membre de l'Académie des sciences, belles-lettres et arts de Lyon, du Conseil de salubrité du département du Rhône, associé correspondant de la Société centrale vétérinaire de Paris, de la Société vétérinaire de Belgique, etc.

Mémoire lu à la Société impériale d'agriculture, d'histoire naturelle et des arts utiles de Lyon, dans les années 1852 et 1853.

LYON,

IMPRIMERIE DE BARRET,

Rues Pizay, 11, et Lafont, 8.

—

1853.

DE
LA PRODUCTION CHEVALINE
EN FRANCE,
ET
DE L'INTERVENTION DE L'ÉTAT.

« Il n'est aucune branche de l'art agricole, a dit Mathieu « de Dombasle, sur laquelle on ait plus écrit que sur l'amé- « lioration des chevaux, et il n'en est aucune dont le gouver- « nement se soit occupé avec plus d'activité et de persévé- « rance. »

Le rôle important du cheval, comme auxiliaire de l'homme dans les travaux de l'agriculture, de l'industrie ou du commerce, et dans les périls de la guerre; la beauté, la force, l'intelligence et la docilité de ce noble animal, expliquent cet intérêt et justifient les soins, les discussions dont sa multiplication et son amélioration sont depuis longtemps le double but.

La situation de la France, ses industries variées, ses goûts, ses mœurs belliqueuses lui ont fait de tout temps une obligation d'entretenir une population chevaline nombreuse. Elle a dû, autant qu'aucune autre nation, pour satisfaire ses besoins, chercher à propager et à perfectionner l'espèce.

Je me propose d'examiner ce qu'elle a fait autrefois, ce qu'elle fait encore pour atteindre ces résultats; mais avant, il me paraît utile de présenter quelques considérations générales et aussi sommaires que possible sur la production.

Il s'agit ici d'une production économique, où la multiplication n'est en quelque sorte que le moyen, tandis que la conservation des aptitudes et des qualités, ou le perfectionnement de l'espèce, sont le véritable but.

Ainsi entendue, la production chevaline est une des branches importantes de l'économie rurale, qui s'élève à la hauteur d'un art, et perd le caractère de subordination absolue à laquelle, malheureusement, elle est depuis longtemps condamnée en France.

Cette multiplication économique des espèces animales les plus utiles à l'homme est remplie de difficultés. Deux choses frappent l'esprit quand on l'étudie sérieusement; ce sont : 1° l'étendue et la variété toujours croissante des besoins de l'homme; 2° le travail continuel de remaniement dont les animaux domestiques sont l'objet tant qu'ils peuvent, en se modifiant, ajouter quelque chose aux services qu'ils nous rendent, aux jouissances qu'ils nous procurent, et la nécessité où se trouvent les espèces de subir, sous l'influence de la domesticité, la loi commune du perfectionnement relatif.

On comprend donc que la production chevaline, quand surtout elle a eu à satisfaire des exigences très-diverses, ait appelé à elle les efforts des générations successives.

Je ne parle pas de ces efforts individuels nés de l'intérêt privé qui stimule toujours l'intelligence et le travail, mais de ces efforts collectifs, résultats d'une pensée politique, ou résumés dans des institutions nationales et dans les mœurs d'une époque.

La France est la contrée où cette action s'est fait sentir, mais sous des formes différentes selon les temps, avec le plus d'intensité et de persévérance; tantôt par ses habitudes sociales et les lois de son organisation politique, tantôt par une intervention directe du gouvernement lui-même.

On pourrait croire, après cela, que ses races sont arrivées au degré de perfectionnement désirable, qu'elle n'a rien à envier aux autres nations. Il n'en est point ainsi ; son antique supériorité équestre s'est évanouie depuis plus de deux siècles, et son industrie hippique, si longtemps prééminente en Europe, borne modestement son rôle à faire prospérer l'éducation du cheval commun, et semble vouloir abandonner à l'Angleterre et à l'Allemagne la production des races nobles. La France, qui précède tous les peuples dans les voies de la civilisation, se laisser distancer ici, et ne paraît même pas comprendre les besoins nouveaux que font surgir derrière eux les changements qu'éprouvent les destinées humaines.

D'où vient cette situation d'infériorité à laquelle se résigne notre patrie, dont le climat est éminemment propre à l'éducation du beau cheval ? Les causes en sont multiples ; j'essaierai plus tard de les faire connaître.

Deux lois dominent toute industrie qui produit des objets utiles ; ce sont celles de l'*Appropriation* et de la *Production économique*.

1° Appropriation.

Il en est de l'industrie animale comme de toute autre industrie ; elle doit, sous peine de mort, chercher à satisfaire les besoins toujours nouveaux de la consommation. Qu'est-ce donc que l'*Appropriation*, sinon la conformité des qualités et des aptitudes du produit avec la satisfaction de ces besoins, qui est le but recherché ?

Toute industrie qui ne fait pas de progrès recule ; car si elle reste stationnaire pendant que tout s'avance autour d'elle, une autre industrie plus habile la devance.

Dans l'amélioration des animaux domestiques, c'est à l'appropriation que l'on doit viser. Chaque pas qui conduit à ce résultat est un perfectionnement ; car la beauté réelle réside dans l'aptitude à remplir complétement une destination prévue. De là découle une conséquence facile à pressentir, c'est que l'éducation des races appropriées aux besoins de la consommation est seule véritablement économique et lucrative.

C'est lorsque la destination est le mieux définie et le moins variée, pour les produits d'une espèce, que l'appropriation est plus facile, et que ces produits se rapprochent davantage des conditions recherchées. Là, en effet, le but ne changeant pas, les moyens finissent par s'harmoniser avec lui. Dans ces circonstances heureuses, les races adaptées aux conditions de climat et de régime, aux mœurs même, sont produites naturellement et sans efforts.

Mais si la consommation est variée, si les destinations sont multiples, bien que déterminées encore, alors l'industrie hésite; elle essaie plusieurs buts, confond divers moyens. Un insuccès dans un sens la rejette dans un sens diamétralement opposé; ou bien, si elle est timide, elle cherche un moyen terme où il y a peut-être moins de risques à courir, mais où peut se trouver la confusion et, par suite, la dégradation.

Que les conditions sociales viennent en outre à changer, que la consommation se diversifie davantage, que de nouveaux besoins se révèlent, que les races si conformes naguère aux nécessités du moment deviennent insuffisantes, et que l'éleveur ne trouve plus de profit à les entretenir, alors on voit survenir la confusion dans l'industrie, la disparition ou la transformation des races anciennes, le déplacement de la production et la création très-lente et très-laborieuse de races nouvelles. On voit la production incertaine, déroutée, se jeter dans des voies inconnues et peut-être marcher d'erreurs en erreurs; ses produits, moins recherchés, diminuent chaque jour de valeur. Elle lutte encore quelque temps avec certains avantages, parce que les habitudes et les besoins ne changent pas tout d'un coup, et que des consommateurs attardés demandent encore l'ancien produit, mais un jour arrive enfin où elle succombe.

C'est là le spectacle auquel la France assistait dès le XVIIe siècle, après la chute du système féodal; elle peut le voir encore, spectatrice intéressée, aujourd'hui qu'une transformation rapide de besoins est venue augmenter la perturbation jetée dans l'industrie chevaline indigène, par l'abandon de nos anciennes races de selle, et par les moyens employés pour les relever ou les remplacer. Cette perturbation a été bien profonde. Dans cette espèce de naufrage, les éléments d'une bonne production se sont perdus; on n'a presque rien sauvé; et lorsque les hommes de la science moderne se sont levés pour réparer nos désastres, ils n'étaient plus entourés que de ruines.

Chaque époque, chaque contrée présente dans sa production animale un caractère déterminé. Pour Mathieu de Dombasle, les races sont produites exclusivement par le régime, et doivent suivre dans leur développement la bonne ou la mauvaise fortune de l'agriculture; le cheval doit donc refléter le perfectionnement ou les vices des méthodes culturales. Pour d'autres, l'état des races chevalines est toujours en rapport avec l'état de la civilisation, et caractérise les besoins de l'époque. D'après M. de Sourdeval, le cheval est l'expression de l'homme qui le fait naître : « En Angleterre, dit-il, l'éleveur haut placé dans la société forme le cheval pur sang, le cheval de course. En Arabie, en Tartarie, le cheval élevé par un cavalier devient un coursier admirable. Les Allemands, habiles à construire des voitures légères, produisent naturellement le carrossier léger. En France, hélas! pays d'horribles charrettes, pendant que l'on expose à Paris mille théories, que l'on disserte dans les états-majors, que l'on distribue des prix dans les hippodromes, dans le but très-louable d'acclimater les meilleurs types, le cheval, dans sa pratique réelle, se trouve élevé par un charretier. Celui-ci, au rebours de tous les programmes de la civilisation hippique, et plus barbare, en pareille matière, qu'un bédouin ou qu'un turcoman, veut, avant tout, former un cheval à l'unisson de son grossier véhicule. »

C'est là un fait, ou, si l'on aime mieux, une vérité envisagée de plusieurs points de vue, exprimée en des termes différents, qui nous montre la production subordonnée à certaines conditions générales. Mais cette production naturelle ne suppose pas nécessairement l'appropriation ; elle ne saurait y conduire, si les besoins sont multiformes. Dans ce dernier cas, l'appropriation est l'effet de l'art ; elle est le résultat d'une sorte de lutte, car elle a substitué des aptitudes et des caractères nouveaux à des qualités anciennes. Citons des exemples :

L'Angleterre importe la race arabe et la modifie jusqu'à ce qu'elle réalise dans les jeux de l'hippodrome une vitesse inouïe. Ses bœufs n'arrivaient à la boucherie qu'à cinq ou six ans ; elle augmente leur précocité, fait prédominer la faculté de produire la graisse, et la substitue à l'aptitude au travail : elle crée la race bovine de Durham. Elle ne pouvait lutter pour la production des laines fines et courtes contre le continent, contre la France, l'Espagne, l'Allemagne même : elle s'attache à faire de la laine longue et des animaux d'une croissance rapide et très-propres à s'engraisser, et crée la race de Dishley. En cela les Anglais sont nos maîtres, et la France attend encore son Backewel.

Le cheval ne peut avoir que deux rôles à remplir : porter un fardeau ou le traîner.

Mais à côté de la force qui produit un grand effet utile, vient se placer la vitesse. Force et vitesse sont les deux termes du problème à résoudre, et c'est dans leur combinaison en proportions convenables, que se trouve l'appropriation des races.

Autrefois, les races se rapprochaient davantage de l'unité ; presque toutes tendaient à ce qu'on pourrait appeler l'état neutre. Vitesse, force ou développement de l'appareil moteur se trouvaient associés pour produire un effet moyen. La diversité est venue ensuite, et à côté du cheval vite, s'est créé le cheval volumineux et lent, avec tous les intermédiaires. Maintenant, sans retourner à l'unité première, nous cherchons d'autres combinaisons de la vitesse et de la force, de telle sorte que, dans toutes les catégories, la machine soit mue avec plus de vigueur et de puissance.

En d'autres termes, lorsque les besoins de la consommation étaient plus uniformes, les échelles de vitesse et de volume avaient peu d'étendue ; elles ont été ensuite portées au maximum. Aujourd'hui que la diversité des besoins persiste, tandis que la nécessité de la vitesse devient prédominante, l'échelle du volume tend à diminuer un peu par le rapprochement de ses extrémités ; mais celle de vitesse tend chaque jour à élever son niveau inférieur et à se raccourcir, sans abaisser son sommet.

Cette nécessité, ces tendances caractérisent la situation, et je crois que c'est pour ne les avoir pas bien comprises que la lutte entre les partisans de l'amélioration des races par elles-mêmes et ceux de l'amélioration par le pur sang a été si vive et si opiniâtre, et je dirais presque si stérile. Toutefois, la vérité n'est pas égale des deux côtés et la victoire restera aux derniers.

2° Production économique.

Telle est la loi des sociétés, qu'elles ne produisent qu'autant qu'une rémunération suffisante est promise ou assurée à leur travail. Il ne suffit donc pas à l'industrie de connaître les besoins du consommateur, d'avoir en elle la possibilité de les satifaire d'une manière absolue ; elle ne crée, elle ne livre qu'à certaines conditions. Si le consommateur refuse d'y souscrire, elle peut bien encore abaisser son tarif jusqu'aux limites du minimun des bénéfices, dans les plus mauvaises conditions d'exploitation ; mais elle ne va pas au-delà : elle tombe ou se transforme.

Ce que je dis de l'industrie en général est parfaitement applicable à la production chevaline. L'éleveur ne conserve une race que si ses capitaux, terres, matériel d'exploitation, intelligence, soins, etc., trouvent dans la vente ou dans l'usage des produits un revenu suffisant. C'est ce qui s'appelle produire avec économie. Cette condition ne dépend pas exclusivement de la volonté de l'homme. Il peut rencontrer dans le climat, la nature, la configuration du sol, et dans mille circonstances de la production, des auxiliaires ou des obstacles.

Dans l'état de nature, les animaux herbivores sont en quelque sorte les produits immédiats de la terre qui les porte et les nourrit : volumineux et lourds lorsque le sol est humide et fertile, ils sont petits et chétifs, ou légers et rapides quand la nourriture est peu abondante.

Mais, dans l'état de domesticité, les animaux ne trouvent plus les mêmes conditions d'existence ; leur milieu est changé. La culture permet de leur livrer des aliments appropriés aux exigences que de nouvelles formes, de nouvelles aptitudes ont fait naître. Les habitations les soustraient aux intempéries ; ils n'ont plus besoin de se déplacer pour trouver leur alimentation. Il n'y a donc plus pour eux de climats divers, et l'animal devient, pour ainsi dire, un produit artificiel aussi modifiable que les influences sous l'empire desquelles il s'est formé.

La puissance de l'homme sur l'état des animaux soumis à ses lois immédiates est grande. A l'aide du régime et de la génération, il modifie leurs formes et change leurs aptitudes. Sous sa main, l'organisme se pétrit comme une argile molle et reçoit mille empreintes nouvelles. L'homme peut, à mesure que ses besoins et ses goûts se multiplient ou s'accroissent, rendre les animaux propres à les mieux satisfaire.

Sous ce rapport, l'empire de l'homme n'a pas, à proprement parler, de limites. Devant lui, l'espèce n'est plus qu'une forme abstraite dont les accidents peuvent varier dans de grandes proportions. Cet empire, l'homme l'exerce chaque jour en vue de ses besoins ou de ses plaisirs. La création du cheval anglais de course, du bœuf de Durham, du mouton de Dishley et de Rambouillet, et d'une foule de variétés plus ou moins intéressantes de chiens, etc., en est la preuve indéniable.

Ces propositions sont vraies d'une manière absolue. Leur démonstration expérimentale et pratique est même assez facile lorsqu'il s'agit des animaux dont on n'exige que des produits en nature, dont le mérite réside dans un accroissement rapide : véritables machines vivantes et perfectionnées auxquelles on demande de transformer, dans un temps très-court, le plus possible d'aliments en graisse, en chair ou en lait; de ces êtres dont la vie est presque toute végétative et sous la dépendance de leur tube digestif.

Mais si, en thèse absolue, elles sont encore applicables à l'espèce chevaline, des difficultés plus sérieuses surgissent quand il s'agit de les transporter dans la pratique. Ici, le problème est plus compliqué, car le cheval emprunte toujours une partie de sa valeur vénale à ses formes, à ses allures, à la mode même.

Aussi, quand on envisage attentivement la question chevaline, s'aperçoit-on bientôt qu'elle n'est point un simple détail agricole, et que sa solution ne peut être donnée que par une science spéciale, acquise expérimentalement ou transmise par la tradition, avec les usages et les mœurs d'une contrée : *la science hippique* ou *l'hippologie*.

C'est le cheval de pur sang qui a fait la richesse hippique de l'Angleterre. Et quand le Holstein, le Danemark, le Mecklenbourg l'ont adopté comme améliorateur, ils n'ont point cru importer chez eux une pratique d'agriculture, mais une théorie scientifique et un moyen direct d'amélioration.

Division de la Production.

L'histoire chevaline de la France peut être divisée en cinq périodes :

La première embrasse le temps qui a précédé l'établissement des haras royaux et l'intervention directe de l'état dans la production ;

La deuxième, celui qui s'est écoulé depuis la fondation des haras publics, en 1665, jusqu'au jour de leur suppression en 1790 ;

La troisième embrasse les seize années comprises entre la suppression des haras nationaux et leur rétablissement définitif, en 1806 ;

La quatrième, les vingt-sept années remplissant l'intervalle de 1806 à 1833, c'est-à-dire depuis la réorganisation des haras sous l'Empire, jusqu'au moment de l'application, en France, de la doctrine du *pur sang* à l'amélioration des races équestres ;

La cinquième, enfin, commence en 1834 et se poursuit encore de nos jours.

Ces divisions me paraissent suffisamment justifiées, soit que l'on prenne pour point de vue le caractère de la production ou celui de l'intervention. Elles correspondent à des dates assez précises, et sont nécessaires à l'intelligence complète d'une industrie si importante pour notre pays.

Première Période.

La première période commence avec la monarchie française et s'arrête vers le milieu du XVIIe siècle.

Deux grands faits la caractérisent : la liberté entière du producteur qui consomme presque tous les produits qu'il fait naître ; l'appropriation des individus à leur destination principale, le service de la selle, et la supériorité hippique de la France.

Le second fait trouve son explication naturelle dans la position admirable de notre patrie, à la fois maritime et continentale; dans la variété de ses conditions climatériques, dans ses instincts belliqueux qui lui ont fait une nécessité de la force, et de celle-ci une condition d'existence, et enfin dans ses mœurs mêmes.

« Dans la France ancienne, dit M. Houël, nation batailleuse et fière, sans cesse aux prises avec l'invasion ou les conquêtes, le goût du cheval et les habitudes équestres se sont toujours trouvés liés aux usages de la vie. »

Ce sont là les véritables causes de cette supériorité chevaline chantée autrefois par nos bardes, racontée sous forme de légende par nos vieux chroniqueurs, et conservée enfin, comme souvenir historique, dans tous nos traités d'hippologie.

L'heureuse situation topographique de la France a bien pu contribuer à établir cette prééminence, mais elle ne pouvait seule la déterminer. Les races domestiques perfectionnées ne sont jamais le produit exclusif du climat. Elles doivent presque toutes leurs qualités, celles par où elles nous sont le plus utiles et s'approprient le mieux à nos besoins divers, aux soins et à la volonté de l'homme.

Les magnifiques portraits tracés par Job, par Virgile et par Buffon, ne sont point ceux du cheval sauvage, mais bien du cheval domestique, assujéti à l'homme, vivant sous son empire. Ils conviennent au beau cheval de tous les temps, de tous les climats. Les différences légères qu'on y trouve tiennent autant à la manière du peintre, qu'aux changements qu'a subis le modèle. Bien qu'ils soient connus de tout le monde, je ne puis résister à l'envie de les reproduire :

« Est-ce vous, s'écrie le patriarche de Hus, qui donnez au cheval sa force, ou qui entourez son col du hennissement?

« Le ferez-vous bondir comme les sauterelles? Le souffle « fier de ses naseaux répand la terreur.

« Il creuse du pied la terre ; il s'élance avec audace ; il se « précipite au-devant des hommes armés.

« Il méprise la peur, il affronte l'épée.

« Sur lui résonne le carquois, la lance et le bouclier s'agi- « tent.

« Il bouillonne, il frémit, il dévore la terre. A peine en- « tend-il le bruit des trompettes.

« Lorsque l'on sonne la charge, il dit :

« Allons. Il sent de loin le combat, les excitations des ca- « pitaines, et les cris confus de l'armée (1). »

Voici maintenant les vers du poète de Mantoue :

.... « *Tum, si qua sonum procul arma dedere,*
« *Stare loco nescit, micat auribus, et tremit artus,*
« *Collectumque premens volvit sub naribus ignem :*
« *Densa juba, et dextro jactata recumbit in armo :*
« *At duplex agitur per lumbos spina, cavatque*
« *Tellurem, et solido graviter sonat ungula cornu* (2). »

Buffon a lutté sans désavantage contre la langue sacrée et la poésie latine :

« La plus noble conquête que l'homme ait jamais faite est « celle de ce fier et fougueux animal qui partage avec lui les « fatigues de la guerre et la gloire des combats. Aussi intré- « pide que son maître, le cheval voit le péril et l'affronte ; il « se fait au bruit des armes, il l'aime, il le cherche et s'anime « de la même ardeur. Il partage aussi ses plaisirs : à la « chasse, au tournois, à la course, il brille, il étincelle.

(1) *Bible de Vence*, t. IX.

(2) Virgile, *Georg.*, lib. III. Voici la traduction que Delille a donnée de ce passage :

Que du clairon bruyant le son guerrier l'éveille,
Je le vois s'agiter, trembler, dresser l'oreille :
Son épine se double et frémit sur son dos ;
D'une épaisse crinière il fait bondir les flots ;
De ses naseaux brûlants il respire la guerre ;
Ses yeux roulent du feu, son pied creuse la terre.

« Mais, docile autant que courageux, il ne se laisse point em-
« porter à son feu, il sait réprimer ses mouvements ; non-seu-
« lement il fléchit sous la main de celui qui le guide, mais il
« semble consulter ses désirs, et, obéissant toujours aux im-
« pressions qu'il en reçoit, il se précipite, se modère ou s'ar-
« rête, et n'agit que pour y satisfaire, c'est une créature qui
« renonce à son être pour n'exister que par la volonté d'un
« autre, qui sait même la prévenir ; qui, par la promptitude
« et la précision de ses mouvements, l'exprime et l'exécute ;
« qui sent autant qu'on le désire, et ne rend qu'autant qu'on le
« veut ; qui, se livrant sans réserve, ne se refuse à rien, sert
« de toutes ses forces, s'excède, et même meurt pour mieux
« obéir.

« Voilà le cheval dont les talents sont développés, dont l'art
« a perfectionné les qualités naturelles, qui, dès le premier
« âge, a été soigné et ensuite exercé, dressé au service de
« l'homme (1). »

Le premier de ces tableaux a plus de vivacité, plus de mouvement, plus de chaleur. C'est qu'il représente le coursier du désert, bondissant sur la terre aride de Hus, sous le ciel de l'Idumée.

En lisant celui que Buffon traçait à plus de trente siècles d'intervalle, on devine que si le modèle placé sous ses yeux est toujours le même au fond, il a néanmoins été modifié. La civilisation moderne l'a approprié à ses besoins multiples et à ses goûts. Le portrait est plus large, plus majestueux ; il a plus d'ampleur, mais ses contours sont moins nettement dessinés.

Buffon, en peignant le cheval, ne l'a vu ni en naturaliste ni en hippologue. Il s'est trompé quand il a dit que la servitude avait été pour l'espèce une cause de dégénérescence et de dégradation. Aussi quand il veut le montrer à l'état sauvage, les couleurs manquent à son pinceau, sa palette est épuisée.

(1) Buffon, *Histoire des animaux*.

« La nature est plus belle que l'art, dit-il ; et dans un être « animé la liberté des mouvements fait la belle nature. Voyez « les chevaux qui se sont multipliés dans les contrées de l'A- « mérique espagnole, et qui vivent en chevaux libres ; leur dé- « marche, leur course, leurs sauts, ne sont ni gênés ni me- « surés ; fiers de leur indépendance, ils fuient la présence de « l'homme ; ils dédaignent ses soins, ils cherchent et trouvent « eux-mêmes la nourriture qui leur convient ; ils errent, ils « bondissent en liberté dans des prairies immenses, où ils « cueillent les productions nouvelles d'un printemps toujours « nouveau ; sans habitation fixe, sans autre abri que celui d'un « ciel serein, ils respirent un air plus pur que celui de ces « palais voûtés où nous les renfermons, en pressant les espaces « qu'ils doivent occuper : aussi ces chevaux sauvages sont-ils « beaucoup plus forts, plus légers, plus nerveux que la plu- « part des chevaux domestiques ; ils ont ce que donne la nature, « la force et la noblesse ; les autres n'ont que ce que l'art peut « donner, l'adresse et l'agrément (1). »

Il paraît certain que les Espagnols n'ont pas trouvé de chevaux dans le Nouveau-Monde. Ces *alzados*, ces chevaux *insurgés* qui errent librement dans les *pampas*, et dont le célèbre naturaliste fait une peinture beaucoup trop flattée, ne sont point des chevaux primitifs, mais les descendants singulièrement dégradés des superbes andalous conduits par les Fernand-Cortès et les Pizarre à la conquête de l'Amérique. Remarquables par leur sobriété, leur rusticité, leur caractère farouche, ils ne le sont pas moins par leur faible taille, leur tête volumineuse, leurs formes anguleuses et communes, leur poil long et grossier, leurs grandes oreilles. Ils ne diffèrent pas beaucoup, sous ces rapports, des *tarpans* qui vivent misérablement dans une sorte d'état sauvage ou demi-sauvage, dans les steppes de l'Ukraine, de la Crimée et de la Tartarie.

(1) Buffon, *Histoire des animaux*.

Tout prouve que le cheval ne peut être abandonné à lui-même sans éprouver bientôt les effets d'une dégénération rapide. Il est peut-être de tous les animaux domestiques celui sur lequel l'éducation a le plus d'influence, auquel les soins de l'homme sont le plus nécessaires. Nous ne possédons aucune preuve authentique de son existence à l'état sauvage.

On se tromperait étrangement si l'on croyait que le cheval du bédouin est un enfant de la nature seule, et ne doit ses brillantes qualités qu'au soleil de la Syrie. Aucun autre ne porte d'une manière plus évidente les marques de la servitude. Il vit presque familièrement sous la tente de l'arabe, son maître le caresse et lui prodigue les soins les plus empressés ; les enfants jouent sous son ventre, se suspendent à sa crinière soyeuse. Il est docile et obéissant ; c'est, si l'on veut, un animal civilisé par des arabes ; mais cette civilisation, le climat aidant, nous conserve la plus belle race équestre du monde.

La patrie du cheval n'est pas rigoureusement connue. On la place ordinairement dans l'Arabie. Mais les livres de Moïse ne parlent que des chevaux d'Egypte ; et les habitants de la Syrie tiraient autrefois les leurs de la Cappadoce.

Dans la mythologie grecque, le cheval naît de la terre frappée par Neptune. Le char du Soleil est emporté dans les plaines éthérées par des chevaux qu'ont attelés les Heures. Les dieux de l'Olympe nourrissent une race divine de chevaux auxquels ils distribuent de la nourriture et qu'ils attèlent de leurs propres mains.

L'arabe, pour qui le cheval est une nécessité, le fait naître du vent. On lit dans le Koran : « Lorsque Dieu voulut créer le cheval, il appela le vent du sud et lui parla ainsi : Je veux de toi faire un nouvel être, cesse d'être impalpable et prends un corps solide. Le vent obéit. Alors Dieu prit une poignée de cette matière devenue solide et l'anima de son souffle. Ainsi fut produit le cheval auquel le Seigneur dit : Tu seras pour l'homme une source de plaisir et de richesse; il montera sur ton dos et t'élèvera au-dessus de tous les autres animaux. »

De toutes les contrées de l'Orient, écrit David Low, l'Arabie est la plus renommée pour ses chevaux. Ce pays sauvage et stérile semble, toutefois, n'être en possession du cheval que depuis les derniers temps de son histoire. Il paraît qu'il y était encore rare avant l'ère chrétienne, et qu'il ne s'y est répandu que lorsque les mœurs de la population sont devenues plus vagabondes. Les belliqueux successeurs de Mahomet devinrent cavaliers, et soumirent à leur domination les contrées du cheval à l'est; mais jusqu'à l'avènement du prophète les chevaux étaient fort rares dans le pays.

Dans l'énumération de la nombreuse cavalerie que Xercès conduisait à la conquête de la Grèce, il n'est pas fait mention des Arabes. Strabon dit, en parlant de l'Arabie, qu'elle produit des animaux de toute espèce, excepté des chevaux. (De Quatrefages.)

Aussi Huzard père penche-t-il vers l'opinion qui fait venir le cheval du centre de l'Afrique. Mais si l'Afrique était son berceau, il devrait, lorsqu'il vit en liberté, rechercher de préférence les contrées chaudes. Ce qu'il ne fait pas.

M. de Quatrefages place le berceau de l'espèce dans l'Asie, soit sur le grand plateau central qui occupe une si vaste portion de cette partie du monde, soit au nord de la chaîne du Caucase.

De tous les animaux que Dieu a créés le cheval est le plus utile. Un état sans cavalerie ne pourrait ni conquérir, ni même défendre son indépendance. Tous les peuples guerriers se sont fait remarquer par leur amour pour le cheval. Les Assyriens, les Babyloniens, les Egyptiens, les Mèdes et les Persans, dans l'antiquité, sont de ce nombre. Les Parthes ne combattaient qu'à cheval; ils étaient très-habiles dans l'art de dresser les chevaux. Les Scythes, les Sarmates ont été renommés pour leurs races de chevaux et pour les soins qu'ils leurs donnaient. Les Numides, déjà renommés comme cavaliers du temps des Romains, et les Maures se sont acquis une haute réputation équestre. Les rapides escadrons de ces derniers ne purent être arrêtés, dans les champs de Poitiers, que par la lourde infanterie de Charles-Martel.

L'emploi du cheval au service de la selle en fait mieux apprécier les qualités. Le cavalier sent mieux le mérite d'un bon coursier que le conducteur d'une voiture.

Le cheval est contemporain de l'homme. De tout temps il en a été, avec le bœuf et le chien, le serviteur le plus utile et le plus fidèle. Les auteurs sacrés et profanes témoignent de l'emploi du cheval dans les premiers âges de l'humanité. Il est naturellement domestique. Son état normal, c'est la domesticité, comme la condition naturelle de l'homme est la société. C'est plutôt l'instinct de la sociabilité qui pousse le cheval domestique à abandonner ses pâturages ordinaires, pour suivre dans la solitude une troupe de chevaux libres ou insurgés passant près de lui, que le besoin de reconquérir une liberté qui l'expose à tant de périls et à la dégradation.

Destiné à être le compagnon de l'homme, le cheval a dû le suivre dans toutes ses pérégrinations, sous tous les climats. Mais, pour s'adapter aux conditions diverses que lui imposait son maître, il a fallu qu'il fût modifiable comme lui.

« Les chevaux qui restèrent sous la tente des pasteurs d'Arabie conservèrent le sceau divin de la création. Ils formèrent la race arabe, telle à peu près qu'elle s'est constituée jusqu'à nos jours, malgré les dégradations inséparables de l'état précaire des peuples nomades qui habitent l'Arabie, malgré les guerres, les invasions, et peut-être l'action du temps.

« Ceux qu'on emmena en Europe, acquirent peu à peu une taille élevée, des formes plus arrondies. Ici, ils conservèrent une brûlante énergie; là, ils perdirent plus ou moins leur mérite et leur beauté (1). »

Nous retrouverons en France les représentants plus ou moins dégénérés de ces deux types. Nous les verrons aussi se fondre en quelque sorte dans un produit moyen sous l'influence combinée du climat, du régime et de la génération. Mon but est précisément de faire connaître quelle a été la situation équestre de notre pays, aux diverses époques de son histoire.

La prospérité chevaline dont la France paraît avoir joui pendant de longs siècles, peut être reportée très-haut. Les Romains ont trouvé dans les Gaules des chevaux dont Jules César vante les qualités. Comme ceux de la Germanie, ils étaient plus recommandables par leur sobriété, leur énergie et leur force de résistance, que par la beauté et l'élégance de leurs formes.

Pline raconte que les guerriers de la Gaule, rentrés triomphants dans leurs terres, vivaient pêle-mêle avec leurs chevaux, uniquement occupés des soins et de la multiplication de ces précieux animaux.

D'après Strabon, les Gaulois étaient de bons écuyers, se battant mieux à cheval qu'à pied. Leur cavalerie jouissait, dans l'armée romaine, d'une haute réputation.

La gendarmerie française s'acquit plus tard, dans toute l'Europe, du XIIIe au XVIIe siècle, une renommée semblable.

La principale force d'Annibal était dans ses troupes légères, dont une partie était composée de cavalerie gauloise et numide.

Le cheval se trouve comme symbole sur les médailles et les monnaies gauloises. On dit même qu'il y est assez bien dessiné, pour qu'il soit possible de reconnaître ce type européen que nous localisons plus particulièrement dans l'Armorique et dans la Neustrie.

(1) Eph. Houël, *Histoire du cheval.*

L'espèce était-elle très-multipliée ? Rien ne le prouve. M. Moreau de Jonnès rapporte que les Franks avaient peu de cavalerie. « La loi salique, ajoute-t-il, estime les chevaux énormément haut. Le rachat de leur vol est fixé, par elle, à 45 sous pour un cheval de charrue ou une jument, à 62 pour un étalon, et à 90 pour un cheval du roi. C'était presque la valeur de trois esclaves (1). »

L'histoire du cheval est liée à celle de l'homme lui-même. Elle nous a conservé les noms des princes, des guerriers puissants que leur amour pour ce noble animal recommande à la reconnaissance des écuyers modernes. Elle cite surtout Alexandre et Mahomet. Pour nous, c'est la grande figure de Charlemagne placée au seuil de la civilisation française qui commence et domine cette galerie.

Charlemagne, dit-on, passait en revue, chaque année, un grand nombre de chevaux de ses vastes domaines. Souvent, il dressait lui-même les animaux destinés à son service personnel.

Dès le IXe siècle, quelques chevaux français composaient un magnifique présent, un don royal.

L'Angleterre, aujourd'hui si riche en chevaux, en était encore presque dépourvue à la fin du Xe siècle. Les hommes du nord qui firent la conquête de la Normandie, n'avaient amené avec eux ni cavalerie, ni chevaux. Guillaume-le-Bâtard importa dans la Grande-Bretagne la race normande déjà fameuse alors. C'est avec son règne que commence l'histoire chevaline de cette contrée.

Pendant les premiers siècles de la monarchie française, les possesseurs du sol faisaient leur principale occupation de la guerre, de la chasse et du soin des chevaux.

Dans l'antiquité, les travaux de la culture, les charrois étaient exécutés par les bœufs. Le cheval n'avait guère d'autre desti-

(1) Moreau de Jonnès, *Statistique de l'agriculture de la France*, p. 457.

nation que la guerre, les jeux publics et la garde des troupeaux. Il devait avoir non-seulement de la force, mais aussi de la légèreté et de la vitesse. Il en fut à peu près de même pour la France, pendant la période de la féodalité. Alors les combattants n'étaient pas soumis aux lois d'une tactique savante. Chaque cavalier obéissait à son courage, attaquait ou fuyait selon les chances de la lutte. Les chances heureuses étaient souvent pour celui qui montait le coursier le plus rapide et le mieux dressé.

Le régime féodal obligeait les possesseurs de fiefs à élever de nombreux chevaux. Tous devaient avoir des haras où étaient entretenues les meilleures races. Dans toutes les situations de sa vie aventureuse, soit qu'il suivît la bannière de son suzerain, ou qu'il combattît pour son indépendance particulière, le noble baron avait deux compagnons fidèles, son cheval et son écuyer.

« La féodalité, en régularisant le corps de la noblesse, avait fait pour tous ceux qui la composaient, une obligation indispensable du cheval. Un homme de haut lignage se serait cru déshonoré s'il eût combattu à pied. L'équitation entrait dans l'éducation de tous les enfants des gentilshommes ; les femmes elles-mêmes s'y livraient avec ardeur ; car elles suivaient à la chasse leurs pères, leurs frères et leurs maris (1). »

Le moyen-âge, qui fut pour la société française une époque si rude, si agitée, quelquefois si malheureuse, qui vit la chevalerie et les croisades, fut, dit-on, l'âge d'or de l'espèce équestre.

En ces temps, la plupart des chevaux étaient propres au service de la selle. Mais la destination n'était pas uniforme ; partant, la taille, le volume, les qualités, les aptitudes ne devaient pas être tout à fait semblables. Ces animaux n'étaient point tous l'objet des mêmes soins.

Le chevalier portait une lourde armure. Les chevaux eux-

(1) Max. Desaive, *Les Animaux domestiques*, p. 110.

mêmes étaient souvent bardés de fer ; ils devaient donc réunir à la taille et au volume du corps, la souplesse et la vigueur. Tels nous apparaissent, en effet, ces nobles *Destriers* du moyen-âge, aux larges flancs, au fort jarret, à la fière attitude, réservés pour les combats et pour les tournois. On les tirait presque tous de l'Allemagne et des Flandres.

Le *Palefroi*, destiné aux exercices équestres, aux parades, à la chasse, au manége, et la *Haquenée*, que montaient les châtelaines, les nobles damoiselles et les pages, avaient plus de légèreté, plus de grâce et moins de force.

Le *Roussin*, plus étoffé et plus commun, était propre aux voyages.

Enfin, le *Sommier*, qui devait porter les bagages et les marchandises, formait le dernier anneau de cette chaîne.

Jusqu'au XVe siècle, le cheval français fut élevé presque exclusivement dans les pâturages. Il errait librement sur de vastes prairies, dans les landes et les forêts. Au midi, dans les pittoresques vallons des Pyrénées ; au centre, sur les montagnes de l'Auvergne et du Limousin ; à l'ouest, sur le sol de l'antique Bretagne, il avait la taille, la bouillante ardeur, les formes même du coursier arabe. Au nord et à l'est, dans les fertiles plaines de la Normandie, de la Lorraine, de l'Alsace, de la Bourgogne, il se rapprochait davantage de ce type européen qui devient de plus en plus le cheval de la civilisation moderne.

Mais ce régime demi-sauvage ne déterminait pas seul la valeur des races. Peut-être même leur ôtait-il quelque chose de leur mérite, en rendant les individus plus difficiles à dresser.

Une des causes de la supériorité hippique de la France pendant la période que nous étudions, se trouve dans l'introduction répétée d'étalons orientaux dès le VIIIe siècle, par les Maures battus dans les plaines de Poitiers, et, plus tard, par les barons normands et par les chevaliers échappés aux désastres des croisades. Ces derniers fondèrent en Navarre, en Limousin, en

Auvergne, en Normandie, etc., de nombreux haras, où ils placèrent les chevaux qu'ils ramenaient de la Palestine et de la Barbarie.

Le plus ancien haras du Limousin dont on ait conservé le souvenir, fut créé par un comte de Royère, à son retour de la Terre-Sainte, d'où il avait ramené plusieurs chevaux des races arabe et turque. Il a toujours été remarqué depuis, observe Maleden, à qui j'emprunte ce fait, que ces deux belles races ont mieux réussi là qu'ailleurs.

Tous ces généreux coursiers de l'Orient transportés sous le ciel de la France, y sont devenus la souche de ces races estimées, dont nos ancêtres pouvaient, à bon droit, s'enorgueillir. Telle est du moins l'opinion des hippologues modernes.

J'ai dit que le climat de la France était favorable à la culture du cheval, et que pendant de longues années elle y fut prospère. Trop de monuments l'attestent pour qu'il soit possible de le révoquer en doute. M. Flavien d'Aldiguier, qui a étudié la question au point de vue des remontes de l'armée, nous dit, en parlant des temps qui ont précédé le XVIIe siècle : « Les soins de la reproduction étaient tellement en rapport avec la consommation, que, dans des recherches historiques très-consciencieuses auxquelles je viens de me livrer, je n'ai jamais trouvé que le cheval ait manqué à la France ; nous savions alors nous suffire à nous-mêmes ; bien au contraire, on trouve que la lance fournie qui se composait d'abord, c'est-à-dire sous Charles VII, de l'homme d'armes et de cinq hommes montés à sa suite, six en tout, fut portée par Louis XII à sept hommes, et par François Ier à huit (1). »

Cette prééminence de la France était bien réelle et bien établie. Au XVIe siècle, elle n'avait encore été contestée par personne. Elle devait diminuer le jour où la production équestre,

(1) Flavien d'Aldéguier, *Des remontes de la cavalerie.*

moins liée à l'état politique et aux mœurs de la nation, perdait de son importance; mais elle ne cessa pas tout à coup. Les tournois et les carrousels l'entretinrent encore quelque temps. Ces jeux, l'un des principaux amusements des princes et de la noblesse, ont eu un côté utile : ils ont conservé dans les hautes classes de la société, sous l'ancienne monarchie, la passion du beau cheval.

Déjà devenus plus rares, les animaux bien dressés trouvaient encore des acheteurs à des prix énormes. L'équitation, dont on avait fait un art savant, était enseignée dans une foule d'académies fréquentées par les étrangers. La France avait un grand nombre d'habiles écuyers. « Je n'estime point, dit Montaigne, qu'en suffisance et en grâce à cheval, nulle nation nous emporte. »

L'histoire nous apprend que la plupart des princes des branches de Valois et de Bourbon se sont fait remarquer par leur goût pour les beaux-arts et pour les exercices équestres. Elle cite particulièrement François Ier, Henri II, Henri IV et Louis XIV. Elle conserve également les noms des seigneurs et des écuyers dont l'exemple, la fortune ou les talents ont eu de l'influence sur nos destinées chevalines, des ducs de Sully, d'Epernon, de Nemours, du connétable de Lesdiguières, des Guise, de Turenne, des Coislin, Craon, Beauvilliers, de la Broue, Pluvinel, Solleysel, etc.

« A cette époque (le XVe siècle), chaque propriétaire avait son haras; il entretenait un grand nombre de chevaux dans sa maison. Les guerres, les chasses, les cavalcades, les cérémonies publiques entraînaient l'obligation des habitudes équestres; la noblesse se servait de chevaux appartenant aux races les plus distinguées du midi de la France; les vassaux montaient de bons et puissants roussins, produits des juments indigènes et des étalons barbes et espagnols qui peuplaient les haras dans toutes les parties du royaume. Sully fut un des plus puissants moteurs de l'amélioration ; excellent écuyer lui-même, il s'occupa spécialement de l'élevage du cheval. Son haras fournissait aux besoins de sa maison, une des plus brillantes du royaume. C'est à lui qu'on peut rapporter l'idée de la fondation des haras publics en France, et surtout le choix qui fut fait plus tard des environs d'Exmes, au pays normand, pour y établir le haras du Pin (1).

Tous les haras des seigneurs étaient dirigés par des hommes spéciaux qui prenaient le titre de *Maîtres des haras*. Presque tout a disparu avec les derniers restes du régime féodal.

L'Angleterre nous a bien dépassés depuis ; mais alors nos chevaux étaient bien supérieurs aux siens. « Sous le règne d'Elisabeth, elle pouvait à peine fournir 2,000 chevaux pour la cavalerie. Dans la guerre de 1588, on n'en rassembla que 3,000 (2). » Les vagues de l'Océan dissipèrent avec la flotte de Philippe II les craintes qu'inspirait la terrible *Armada* espagnole.

Lorsque Henri IV envoyait à Élisabeth des chevaux provenant de son haras du Berry, la Grande-Bretagne n'en avait pas à leur opposer.

Cette prospérité chevaline de la France devait avoir son terme. Elle recevait une atteinte profonde le jour où Richelieu forçait la bannière féodale à s'abaisser devant les lis de France, où la puissance royale faisait suspendre aux murs de la salle d'armes des vieux donjons, les épées si souvent hors du fourreau.

Les causes plus immédiates de la décadence que je signale ici sont multiples. Voici les principales : l'état de dépendance dans lequel tombent les grands et petits vassaux vis-à-vis de la couronne ; l'abandon des antiques manoirs par leurs seigneurs qui vont vivre à la cour ; la formation ou l'accroissement des

(1) E. Houël, *Histoire du cheval*, t. II, p. 500.
(2) Hartmann, *Histoire des haras*, trad., 1788.

armées régulières et permanentes ; l'usage plus général de la poudre et de l'artillerie, qui diminue l'importance du cheval dans la guerre ; le développement du commerce et de l'industrie, qui augmente et qui diversifie les besoins de la consommation, et, par-dessus tout, le déplacement de la production.

Si les Arabes, au lieu de se borner à conserver une race précieuse parfaitement en harmonie avec le genre d'existence des tribus, avaient à fournir aux exigences d'une consommation variée, il est probable qu'ils nous paraîtraient moins habiles, et que leur industrie chevaline ne serait pas également prospère.

L'éducation du cheval est aristocratique. Au moment dont nous parlons, elle passe des mains du maître dans celle du fermier, beaucoup moins intéressé à bien produire. Ses règles sont méconnues. La reproduction est pour ainsi dire abandonnée au hasard. L'étalon de l'Orient, qui versait chaque année, dans nos races un sang pur et généreux, est oublié ou discrédité. Les nombreux haras qui avaient entretenu si longtemps ces belles races que nous enviaient les nations voisines, se dépeuplent ou disparaissent (1).

Déjà commençait à se manifester une funeste préférence pour les grands chevaux du nord de l'Europe. Le Danemark, le Mecklembourg, la Hollande inaugurent leur réputation hippique sur les ruines de la nôtre. Le sang de leurs chevaux froids et lymphatiques, versé dans nos races plus ardentes, plus nerveuses, plus légères, les abâtardit.

Des routes se créent ou s'améliorent. L'usage des voitures se répand ; celui du cheval pour le voyage, pour les visites, devient moins commun. Et pour traîner de lourds carrosses, le cheval du midi ne suffit plus.

Le cheval déjà dégénéré est employé plus souvent aux travaux

(1) M. Havez-Montlaville, dans sa *Physiologie des races équestres*, dit que les chevaux transylvains ont dégénéré depuis que leur production a été abandonnée au bon plaisir des paysans, en 1828.

agricoles et aux transports des récoltes et des marchandises. Dans le Nord, où il peut être nourri plus abondamment, il s'alourdit, prend des formes plus communes, et perd en même temps que sa beauté ses aptitudes et son antique gloire.

Une consommation active, mais variée, déroute facilement une industrie tombée, comme par accident, aux mains d'un producteur peu éclairé et qui ne consomme pas lui-même ses produits.

L'équitation entre à son tour dans cette espèce de conspiration générale. Désormais elle n'a d'autre but que de faire ressortir l'adresse du cavalier et l'obéissance du cheval. C'est à qui mettra le temps le plus long pour parcourir au galop le cercle étroit d'un manége.

Des guerres presque continuelles ont désolé notre pays, du xve au xviie siècle ; elles ont certainement hâté la décadence que nous signalons ici, et achevé de détruire les richesses équestres que la féodalité y avait amassées.

Un moment, sous Louis XIII, la France parut vouloir ressaisir son ancienne renommée chevaline et replacer au premier rang ses vieilles races. Les remontes pour la cour et les maisons des princes, pour la cavalerie, se faisaient en France. Tout le monde apprenait à monter à cheval. « Après le service des écuries du roi, venaient la remonte des écuries des princes, celle des gardes du corps, celle des maisons-rouges, enfin celle des régiments de l'armée. Chaque service avait son manége commandé par des écuyers expérimentés, tous sortis de la même école (1). » Mais c'était là le dernier éclat d'une grandeur qui allait s'éclipser.

Enfin, la situation parut bientôt si mauvaise, que de toutes parts se fit sentir la nécessité de remplacer les haras particuliers, détruits ou négligés, par des établissements publics, et

(1) D'Aure, *De l'industrie chevaline*.

de faire intervenir ainsi directement l'État dans la production, pour arrêter une dégénération évidente et ressaisir un élément de puissance et de fortune qui échappait de nos mains.

Un édit contenant un premier essai d'intervention fut rendu en 1639. S'il fut appliqué, il ne laissa pas de traces; le texte n'en a même pas été conservé.

C'est en 1665 seulement, sous le ministère de Colbert, que l'administration des haras de l'État fut instituée et que l'intervention publique se trouva réellement organisée.

A ce moment, pour nous servir d'une expression très-juste, le sceptre hippique de la France se trouvait entièrement brisé. L'Angleterre en ramassa les débris, et toujours habile à profiter de nos fautes et de nos malheurs, elle composa avec eux l'un des plus beaux fleurons de sa couronne industrielle.

Deuxième Période.

J'ai essayé de faire connaître les causes qui ont occasionné la dégénération des races chevalines françaises. Le XVIIe siècle vivait déjà des ressources que lui léguait le passé. La consommation était encore très-active, mais la France ne suffisait plus à ses besoins.

Vers cette époque, une nation voisine posait les fondements de sa gloire équestre. L'Angleterre, comme la plupart des autres états de l'Europe, avait souvent introduit chez elle des chevaux arabes, barbes, turcs, espagnols et normands. Par une sélection bien entendue, par des métisages judicieux et persévérants, elle parvint à créer, sous son ciel brumeux, une race presque uniforme, légère, rapide, d'une constitution ardente et vigoureuse. Un grande habileté pratique, beaucoup de discernement dans l'application d'une idée juste, donnait à l'Angleterre la solution d'un problème que l'on discute encore de ce côté-ci de la Manche.

C'est dans la deuxième moitié du XVIIe siècle, au moment où la France portait au plus haut degré sa gloire littéraire, et perfectionnait sa langue qui devait être, pour elle, un moyen si puissant de propager ses idées ; au moment où le grand roi épuisait, dans des batailles sanglantes, les dernières richesses hippiques du pays, où le cheval français était déclaré impropre à la guerre, où l'importation absorbait des sommes énormes, que la Grande-Bretagne créait et perfectionnait une race remarquable par ses aptitudes, et qui dispute maintenant au coursier de l'Orient, type et souche des chevaux, l'honneur de régénérer les familles abâtardies de l'Europe moderne.

En France, l'opinion s'était prononcée pour l'intervention publique ; il fallut y revenir. Suivant une juste remarque : les haras seigneuriaux, les grandes existences féodales, si favorables à l'élève du cheval de selle, étant détruits, le pouvoir royal, sous peine de laisser périr un des plus puissants éléments d'indépendance et de gloire, devait encourager la production. Un arrêt du conseil du dedans du royaume, rendu à la date du 17 octobre 1665, en commença l'organisation. Le préambule qui précède cet acte mérite d'être rapporté, parce qu'il fait connaître en même temps l'idée du gouvernement sur la situation, et les moyens qu'il se proposait de mettre en œuvre pour la modifier :

« Le roi, y est-il dit, voulant prendre un soin tout particulier de rétablir dans son royaume les haras qui ont été ruinez par les guerres et désordres passez, même de les augmenter de telle sorte, que les subjets de sa Majesté ne soient plus obligez de porter leurs deniers dans les pays étrangers pour achapts de chevaux, a fait visiter les haras qui restent et les lieux propres pour en faire establir, achepter plusieurs chevaux en Frise, Hollande, Danemarck et Barbarie, pour servir d'estalons, et résolu de les distribuer, sçavoir : ceux qui sont propres aux carrosse, sur les costes de la mer, depuis la frontière de Bretagne jusques sur la Garonne, où il se trouve des cavalles de taille nécessaire à cet effet ; et les barbes dans les provinces de Poistou, Xaintonge et Auvergne.

« Mais voulant que, pour obliger les particuliers qui seront chargez desdits estalons destinez auxdits haras, il est raisonnable de leur accorder quelques priviléges pour aucunement les indemniser des soins qu'ils prendront pour faire réussir le dessein de S. M. pour le bien de son service et du public. S. M. étant en son conseil, a commis le sieur de Garsault, l'un des escuyers de sa grande escurie, pour distribuer lesdits estalons ès-lieux qu'il jugera les plus propres des provinces ci-dessus dénommées, et les mettre à la garde des particuliers qu'il choisira, et auxquels il délivrera ses certificats pour leur servir ce que de raison ; lequel sieur de Garsault dressera un roolle contenant les noms, surnoms et demeures de tous ceux qu'il aura chargés desdits estalons en vingt ou trente paroisses, pour être régistrés ès-greffe des élections dont elles dépendent, et pour obliger lesdits particuliers d'avoir le soin nécessaire pour l'entretènement desdits estalons ; S. M. a iceux déchargez et décharge de tutelle, curatelle, logement des gens de guerre, guet et garde des villes, même de la collecte des tailles, et de trente livres d'icelles sur le pied de leur taux de la présente année, sans qu'ils puissent être augmentés, sinon en cas d'augmentation de biens, et au sol de la livre des impositions qui pourront être ci-après faites, et ce durant le temps qu'ils se trouveront chargés desdits estalons, lesquels seront marqués d'un L couronné sur la cuisse ; permet S. M. auxdits particuliers préposés à la garde desdits estalons, de prendre cent sols de chaque cavalle qui aura servi audit haras, et qui sera marquée avec les poulains qui en proviendront de la mesme marque, sans que lesdits cavalles et poulains ainsi marqués puissent être saisis pour la taille et autres deniers de S. M., ni pour debtes des communautés ; enjoint à tous officiers et magistrats qu'il appartiendra de tenir la main à l'exécution du présent arrest.

« Fait au conseil d'Etat du roy, S. M. y estant, tenu à Paris, le 17e jour d'octobre 1665 (1). »

Le but immédiat de Colbert était donc de mettre à la disposition des possesseurs de juments des étalons de choix destinés à relever les races.

Mais en même temps qu'il distribuait des reproducteurs, il créait un haras de l'Etat. Cet établissement placé d'abord à St-Léger, en Yveline, non loin de Rambouillet, fut transporté plus tard en Normandie. Sa population fut, en général, de quinze à vingt étalons, tirés principalement de Barbarie, de Turquie, d'Arabie, d'Espagne, d'Angleterre et de Hollande, et de plus de trois cents cavales et poulains de poil et de taille divers.

L'arrêt de 1665 créait deux sortes d'étalons. Des étalons royaux, placés dans le haras de St-Léger, et des étalons départis, c'est-à-dire achetés par le gouvernement, et confiés à des propriétaires qui prenaient le titre d'*étalonniers*. Un arrêt du 29 septembre 1668 en établit une troisième classe. Ceux-ci étaient la propriété de leurs possesseurs qui, pour les conserver et les faire servir à la reproduction, jouissaient des priviléges mentionnés plus haut. Ce dernier acte de l'autorité faisait « *expresses inhibitions* et défenses à toutes personnes, de quelque qualité et conditions qu'elles fussent, de tenir aucun étalon qui n'eut été vu et marqué par les inspecteurs des haras, à peine de confiscation et de 300 livres d'amende. Il défend aussi, sous peine de retrait des priviléges, de confiscation et d'amende, de laisser les étalons approuvés ou départis, couvrir de petites cavalles aveugles et autres, incapables de faire de beaux poulains ; aux seigneurs des paroisses, gentilshommes et autres de se servir par force ou par autorité desdits étalons, cavalles ou poulains, à peine d'encourir l'indignation de S. M. »

Cet arrêt, rendu spécialement pour la généralité de Mou-

(1) Eug. Gayot, *Institutions hippiques*.

lins, eut force de loi dans toutes les parties du royaume, après avoir été successivement appliqué à plusieurs autres généralités, en commençant par celles de Poitiers, Riom, Limoges, Caen, etc. (1).

Un troisième arrêt du conseil, en date du 28 octobre 1683, confirme les dispositions antérieures relatives aux haras, aux priviléges des étalonniers et autres, et ajoute de nouvelles mesures restrictives et répressives à celles qui avaient été déjà stipulées. Ainsi, il défend d'employer à la reproduction des étalons âgés de moins de quatre ans, et prescrit sans pitié d'émasculer les petits chevaux entiers, à l'exception seulement de ceux des rouliers et messagers ordinaires.

Il y avait, on a dû le comprendre, trois genres d'étalons. « Le premier, le moins considérable par le nombre, appartenait au gouvernement. Les uns étaient retenus dans des dépôts placés au centre de certaines contrées privilégiées par le mérite et la valeur de leurs races; les autres étaient soignés dans quelques haras au service desquels ils étaient plus particulièrement affectés. C'étaient les plus précieux, à la fois, par la noblesse de leur origine et la distinction de leurs formes.

« Une quantité plus considérable était placée par le roi ou les pays d'états, gratuitement ou à moitié prix, dans les localités peu aisées, où l'industrie particulière ne présentait pas elle-même assez de ressources à la production ; c'étaient les étalons provinciaux ou départis.

« Le plus grand nombre enfin appartenait à des particuliers dont ils étaient la propriété privée. Les intendants les approuvaient, sur la proposition des commissaires-inspecteurs ; ils étaient connus sous le nom d'*étalons approuvés* (2). »

Telle fut, en France, la première forme de l'intervention publique dans l'industrie des chevaux. Ce système, qui devait

(1) Eug. Gayot, *Institutions hippiques*.
(2) Eug. Gayot, *Institutions hippiques*.

conduire à la fois à la régénération et à la production, est appelé système de Colbert, du nom du grand ministre qui l'a institué.

En 1690, le nombre des étalons royaux départis et approuvés était de 1636. Les naissances qui leur furent attribuées dans la même année s'élevaient à près de quarante mille.

C'est vers cette même époque qu'une importation d'étalons barbes eut lieu. Garsault fut aussi envoyé à Naples pour y acheter des juments poulinières. Il en amena quarante, qui furent placées au haras de St-Léger.

On empruntait également des chevaux à l'Espagne, à l'Allemagne et à l'Angleterre. Les consuls français des échelles de l'Afrique étaient chargés d'en acheter de l'Orient. Les reproducteurs étaient d'abord conduits dans un dépôt central, à Asnières, puis répartis entre les divers haras et étalonniers.

Le système de Colbert ne fut pas sans résultat; mais il ne porta point tous les fruits qu'on en attendait. A côté des causes qui devaient amener la régénération de nos races, surgirent des obstacles nombreux et parfois insurmontables. Les étalonniers furent souvent inquiétés par les collecteurs et négligèrent ou abandonnèrent leur charge. La guerre détruisit les ressources laborieusement amassées, et après avoir dépensé plus de 100 millions de francs en importations de chevaux pour les guerres de 1688 et de 1701, la France se retrouva dans une pénurie presque complète. « A la mort du roi, disent les mémoires du temps, il n'y avait plus que le rebut et la lie de l'espèce. »

De nouvelles mesures parurent nécessaires. Le règlement de 1717 vint arrêter les bases d'une organisation plus complète encore et poser les règles de l'hippologie, telle qu'elle était alors comprise. Les mesures adoptées par Colbert, et après lui, dans les arrêts du 28 octobre 1683, de 1689, 1695, 1705, 1706 et 1709, étaient jugées insuffisantes.

Quelques-unes des dispositions de ce règlement étaient très-sévères. Chaque garde-étalon avait le droit d'annexer à son établissement trente ou trente-cinq juments choisies par l'inspecteur des haras, ou, à défaut de celui-ci, par lui-même. Ces poulinières, conduites ou non à l'étalon, payaient le droit de saillie. Il était défendu, sous peine d'amende et de confiscation, à tout propriétaire d'une cavale, de l'accoupler à un reproducteur non approuvé. Les juments annexées ne pouvaient être saisies, non plus que leurs poulains; elles ne pouvaient être requises pour les armées. Des étalons approuvés ne devaient être soumis à aucun travail quelconque. Le poulain mâle, âgé de plus d'un an, ne pouvait plus être envoyé au pâturage sans être entrâvé. Aucune jument dont la taille dépassait quatre pieds ne devait être livrée au baudet, etc.

Les bonnes poulinières étaient rares : le gouvernement en faisait acheter qu'il concédait gratuitement à des particuliers qui avaient sa confiance, ou qu'il vendait à moitié prix.

Enfin, les intendants des provinces, à qui était confiée la surveillance de l'industrie chevaline, avaient le droit de concéder aux propriétaires qui s'engageaient à entretenir des haras privés sur leurs domaines, certains priviléges.

Le système paraissait complet : achat et placement de types supérieurs; encouragements à la production privée; mesures répressives ou restrictives sévères contre les reproducteurs tarés ou indignes; moyens coercitifs vis-à-vis des possesseurs de femelles jugées propres à propager leur espèce.

La force de l'ancienne administration n'était ni dans la science hippique, ni dans un système raisonné de perfectionnement. Elle résidait toute dans une action puissante, étendue; dans un budget assez considérable, car il s'est élevé en 1764 à 1,412,000 livres, auxquelles il faut ajouter de nombreux priviléges représentant une somme d'environ 100,000 fr., et enfin les ressources votées par les états provinciaux.

Le haras royal de St-Léger avait été créé en 1665. En 1714 il fut transporté près Exmes, au village du Pin en Normandie, dans le district d'Argentan, au milieu d'une contrée depuis longtemps en réputation pour ses chevaux de selle et de carrosse. Il reçut ensuite la dénomination de Haras du Pin, qu'il a toujours conservée depuis.

Un second haras créé en 1745 dans la terre de Pompadour, en Limousin, autour d'un antique château dont on fait remonter l'existence au temps de Jules César, d'abord propriété de la marquise de Pompadour, fut érigé en haras royal en 1761. Des chevaux espagnols, barbes, turcs, polonais, anglais et arabes y furent envoyés, ainsi que des juments choisies dans les écuries du roi.

Indépendamment de ces haras de la couronne, dirigés par des écuyers de la grande écurie, que le roi subventionnait lorsque les revenus des établissements ne suffisaient pas à leur entretien, il y avait, dans les provinces, des haras administrés séparément. Les principaux étaient à Asnières, près Paris, à Fontenay-le-Comte, à Tarbes, à Rhodez, à Pau, à Strasbourg, à Diénay, à Rosières, etc. Celui-ci, établi en 1766 à quelques kilomètres de Nancy, au milieu d'une contrée basse, humide, dans un pays où la population chevaline était, comme aujourd'hui, très-nombreuse, excellente, robuste, mais petite et de formes communes, est devenu plus tard un haras royal.

Enfin, quelques états provinciaux en entretenaient à leurs frais propres et les administraient selon leur bon plaisir.

De nombreux établissements particuliers, dont quelques-uns étaient considérables et abondamment pourvus de beaux chevaux, avaient été créés et étaient entretenus par de riches seigneurs. On cite encore aujourd'hui ceux du maréchal de Saxe, à Chambord; du capitaine de carabiniers Desportes, dans l'île de la Camargue; de Rohan, à Guéménée; d'Esterhazy, à Rocroy; des Jumilhac, d'Essaix, etc., en Limousin.

Une intervention aussi puissante, qui disposait de tant d'éléments d'action, devait produire de bons effets, bien que des vues fausses présidassent au choix de certains reproducteurs, et, sans doute aussi, à leur répartition. Il est incontestable, malgré les plaintes exprimées par Bourgelat et par d'autres écuyers, et en dépit du goût pour le cheval anglais, qui commençait déjà à se répandre dans une partie de la haute société, que, vers la deuxième moitié du XVIIIe siècle, la France avait reconquis, non son ancienne réputation équestre, mais, qu'on me passe le mot, une certaine aisance. Et lord Pembrocke écrivait à Bourgelat « qu'il ne concevait pas, en voyant nos belles races normande et limousine, la fureur des Français pour les chevaux de l'Angleterre. » De la part du noble lord, ce n'était ni une boutade, ni une flatterie; car, en ce moment, l'Angleterre faisait acheter des étalons dans la Normandie.

D'après Huzard père, le nombre des étalons officiels appartenant à l'État, aux provinces ou aux particuliers, était, en 1789, de trois mille trois cents. Ils se divisaient de la manière suivante :

Étalons royaux (en dépôt)	365
— départis (confiés à des étalonniers)	811 (1)
— approuvés (appartenant à des particuliers).	2,124
TOTAL.	3,300

A la même époque, la population chevaline de la France était d'environ 2,048,000 têtes. Si l'on fixe à 1/10e le renouvellement annuel de l'espèce, et si l'on attribue aux 3,300 étalons officiels 40,000 à 50,000 naissances, on arrive à cette conclusion, que les chevaux appartenant au gouvernement ou

(1) M. Gayot, dans ses *Institutions hippiques*, ne compte que sept cent cinquante étalons départis; la différence vient de ce qu'il a négligé ceux du pays d'Artois, que Huzard évalue à environ soixante.

approuvés par lui, concouraient directement au 1/4 ou au 1/5 de la production. L'administration actuelle n'a pas, à beaucoup près, une action aussi étendue.

Une organisation moins forte eût succombé en peu de temps. Elle rencontrait en effet mille obstacles dans l'incurie ou dans le mauvais vouloir des éleveurs et des étalonniers eux-mêmes ; dans l'éloignement que commençaient à manifester beaucoup de consommateurs des hautes classes pour le cheval français. Néanmoins elle vécut 125 ans. Elle aurait pu, en se modifiant, s'adapter aux formes nouvelles qu'allait revêtir l'administration. Mais la révolution française répudia le passé tout entier ; et l'institution des haras, en tombant, alla augmenter les ruines amoncelées sous le marteau démolisseur de la Constituante. Le 29 janvier 1790, cette assemblée célèbre décréta la suppression des haras.

Une loi, du 19 novembre de la même année, prescrivit la vente de tous les reproducteurs appartenant à l'État.

Enfin, l'année suivante, deux nouveaux décrets décidèrent la résiliation des baux passés entre l'Etat et les particuliers, à propos des haras, et réglèrent les indemnités à accorder aux anciens détenteurs d'étalons départis ou approuvés, et des poulinières.

Le décret du 29 janvier 1790 n'avait pas été voté sans discussion. Mais l'intervention s'appuyait sur des priviléges et sur des mesures prohibitives ou coercitives inconciliables avec les principes de la fameuse Déclaration des Droits de l'homme.

Cette suppression fut une faute. Cependant il ne faudrait pas s'abuser sur l'influence qu'exerça ce premier essai d'intervention et de direction sur l'espèce équestre de la France ; il ne produisit pas tout le bien qu'on en attendait. Buffon, Bourgelat et d'autres écrivains de la deuxième moitié du XVIIIe siècle n'ont cessé de se plaindre de la décadence continuelle de nos races. La France n'était certes pas dépourvue de chevaux, mais ses excellentes races de la Normandie, de la Bretagne, du Limousin, des Pyrénées, allaient en se détériorant, en s'abâtardissant.

Bourgelat écrivait, en 1769, que nos haras étaient dans un état complet de dépérissement, les vraies races françaises absolument éteintes. « Le cheval limousin n'existe plus; il a dégénéré au point qu'on ne saurait le reconnaître. Le normand s'est abâtardi. On ne tire plus de la Normandie, en chevaux de distinction, que des fruits informes d'un accouplement prématuré et peu réfléchi (1). »

Un fait rapporté par M. Moreau de Jonnés, dans la *Statistique de l'Agriculture de la France*, confirme ces plaintes : « Turgot voulant, dit-il, réorganiser les postes, en 1776, manda devant lui les maquignons les plus expérimentés et leur demanda s'ils pourraient entreprendre la fourniture de 5,800 chevaux de forte race, au prix de 15 louis chacun. Quoique l'affaire excédât 2 millions, ils la refusèrent en disant qu'ils ne croyaient pas qu'une si grande quantité de chevaux disponibles existât dans tout le royaume. Ce n'était pourtant qu'un cheval à prélever sur 350. »

En 1787, Lafont-Pouloti, un des hommes qui ont écrit avec le plus de talent sur la question chevaline, disait : « J'ai vu le dépérissement de nos haras, l'inefficacité des moyens pris jusqu'à ce jour pour les relever. » (2)

« La France, écrivait en 1788 Préseau de Dompierre, l'état de l'Europe qui fait la plus grande consommation de chevaux, en éprouve constamment la disette; elle en importe de toutes les espèces, depuis l'étalon arabe jusqu'au cheval de tombereau; elle n'en exporte aucun. » Et plus bas, il ajoutait en note : « Après vingt-deux ans de paix, quoique ce royaume entretienne

(1) Bourgelat, *Traité de la conformation extérieure du cheval.*

(2) Lafont-Pouloti, de même que Bourgelat, donne le nom générique de haras aux établissements publics ou particuliers dans lesquels on fait naître et où l'on élève des chevaux.

très-peu de cavalerie, que le gouvernement fasse des dépenses considérables pour les haras, on est encore obligé de tirer de l'étranger des chevaux de troupe, de carrosse, de chasse, d'agrément et de roulier (1). »

Peut-être y avait-il dans ces plaintes un peu d'exagération. Nous sommes tous un peu *laudatores temporis acti* aux dépens du nôtre. Cependant, il y a unanimité entre les écrivains de l'époque qui se sont occupés des haras.

Quels étaient donc les vices de ce système qui paraissait, au premier abord, si bien ordonné, si puissant? Nous le demanderons encore aux contemporains, aux hommes chargés d'en diriger l'application, ou qui l'ont vu fonctionner sous leurs yeux.

Bourgelat en fait un tableau bien rembruni. « A peine, dit-il, les étalons ont-ils été livrés par le gouvernement ou par les départements, ou ont-ils été approuvés, qu'on les perd en quelque façon de vue. Ils sont, pour ainsi dire, livrés, d'une part, à l'ignorance du peuple, souvent à l'avidité de la noblesse, et constamment à la direction de l'inspecteur, que la faveur a mis en place, malgré la plus grande incapacité de diriger et d'instruire ; nulle étude de la nature, nul égard aux diverses nuances, nulle considération dans les appareillements, nulle suite dans les opérations, nulle attention aux résultats d'un million de mélanges perpétuellement informes et bizarres (2). »

Au dire de Lafont-Pouloti, les étalons étaient mal tenus, mal soignés, mal nourris. Les gardes-étalons qui ne songeaient qu'aux priviléges attachés à leur place, sans égard pour la conservation et le bon emploi des chevaux confiés à leur soin, abusaient de ceux-ci, les excédaient par le travail ou par des accouplements réitérés. Les propriétaires des étalons approuvés, n'achetaient que pour le moment de la revue, et la plupart du temps des individus communs, dépourvus de qualités, trop jeunes ou tarés prématurément.

(1) Préseau de Dompierre, *Traité de l'éducation du cheval en Europe.*

(2) Bourgelat, *loc. citat.*

« Que pouvait-on attendre, s'écrie Huzard père, d'une administration de grands seigneurs et de protégés ignorants et dilapidateurs, menés et dirigés par des subalternes intéressés et non moins ignorants? Le petit nombre d'hommes probes et véritablement instruits que le hasard y avait, pour ainsi dire, jetés, éloignés de l'administration, relégués dans le fond de quelques provinces, ou écartés par des missions et des tournées, ne pouvaient empêcher le mal, ni faire tout le bien que leurs lumières leur suggéraient.

« Cette administration dévorante et vexatoire gênait partout l'industrie et le commerce, en soumettant le cultivateur aux caprices et à la cupidité d'une foule de sous-ordres, toujours protégés et contre lesquels, dès lors, toute réclamation devenait inutile (1). »

Les agents étaient nombreux, les gardes-étalons avaient des privilèges excessifs; et le règlement de 1717 devenait entre leurs mains la source d'une foule d'abus. Les dépenses considérables de l'État, l'impôt énorme prélevé sur les particuliers étaient sans résultats utiles.

Bourgelat était commissaire général des haras. Ses vues furent souvent contrariées par les intendants, soit par ignorance, soit par jalousie.

Les étalons, d'après Huzard père, étaient mal choisis, mal appropriés aux races avec lesquelles on voulait les croiser. L'administration mettait aussi trop de parcimonie dans leur achat et ne pouvait, pour le prix qu'elle y consacrait, s'en procurer qui eussent les qualités requises. La distribution en était souvent mal réglée, ce qui obligeait les propriétaires à faire de mauvais appareillements.

Tessier approuvait la suppression des haras en 1790, tant les dispositions coercitives du règlement de 1717 lui paraissaient

(1) Huzard, *Instruction sur l'amélioration des chevaux en France.*

nuisibles à l'industrie. On lit dans le *Journal du Maréchal de Villars* la note suivante adressée à Louis XV : Dans les dernières guerres on tirait plus de vingt-cinq mille chevaux tous les ans de la Bretagne et de la Franche-Comté. Depuis la mort du feu roi, il vous en coûte plus de 100,000 écus par an pour établir des haras, et c'est précisément depuis ce temps-là que tous ceux que vous aviez en France sont détruits. Commencez par épargner vos 100,000 écus, rendez aux peuples la liberté qu'on leur a ôtée d'avoir des juments et des étalons, et vous verrez que les choses reprendront leur ancien cours; au lieu que, par vos précautions, la quantité de chevaux diminue tous les jours.

Cependant il y aurait injustice à accuser les haras de tout ce qui s'est fait de mal dans le XVIIIe siècle, et à trouver un sujet de reproche dans le bien qu'ils n'ont pu faire. Nous verrons qu'en dehors des obstacles nés du système lui-même, se trouvaient des causes devant lesquelles l'intervention devait échouer.

D'abord, la France manquait généralement de belles poulinières; quoi qu'on fasse, une amélioration sérieuse ne peut avoir lieu sans elles. Les poulinières feront toujours le fond de la race même. C'est un sol plus ou moins bien préparé. Le choix de la semence importe, sans doute, beaucoup à la qualité du produit; mais la meilleure graine reste improductive dans une mauvaise terre.

Quelle était d'ailleurs la science hippique à cette époque? on croyait à l'influence dégénératrice incessante du climat. De là, d'après les principaux écrivains sur la matière, la nécessité des croisements pour empêcher la dégénération des races créées. Et comment doivent s'opérer ces croisements? Buffon va nous l'apprendre. Dans le climat tempéré de la France, dit-il, il faut, pour avoir de beaux chevaux, faire venir des étalons de climats plus chauds ou plus froids.

Quelques années plus tard, Bourgelat disait, en parlant du croisement des races : Le premier moyen de parer à des dégénérations subites et infaillibles a été suggéré par le raisonnement et confirmé par l'expérience ; on a pensé, avec raison, que le bon et le beau de tous les êtres animés était répandu par parcelles sur la surface du globe, et l'on a vu que la portion de beauté, dans chaque climat, dégénérait toujours, à moins qu'on ne la réunît avec une autre portion prise au loin. Et ailleurs, il ajoute : Pour avoir de bons grains et de belles fleurs, il faut en changer les graines. De même, pour avoir de beaux chevaux, il faut nécessairement croiser les juments avec des étalons étrangers, ou les femelles de nos départements méridionaux avec les mâles des départements septentrionaux. Plus la température des climats où les étalons et les cavales ont pris naissance sera éloignée, plus les formes seront parfaites. Dans l'union et le mariage de deux animaux de régions différentes, les défauts se compensent en quelque sorte, et surtout si l'on oppose les climats. Le mâle des pays chauds compense et corrige les défauts ordinaires de la femelle des pays froids, et *vice versâ*, et le composé le plus parfait est le résultat de celui où les excès et les défauts de l'habitude du père sont opposés aux excès ou aux défauts de l'habitude de la mère (1).

Il ne faut pas oublier, en lisant cet exposé de doctrine, que Buffon, appelé le Pline français, que Bourgelat, l'un des premiers écuyers de son temps, fondateur des écoles vétérinaires, commissaire général des haras, faisaient autorité, et devaient entraîner l'opinion de l'administration et de la majorité des éleveurs du cheval de selle.

« Etrange système, s'écrie M. Gayot, qui recommandait, comme moyen d'amélioration efficace et sûr, les alliances les

(1) Bourgelat, *loc. citat.*

plus hétérogènes et les plus disparates, ces mariages irréfléchis que l'expérience condamne aujourd'hui, mais que soutenait alors avec autorité une science, — abîme sans fond, — mal comprise et mal interprétée. Toutes nos races y passèrent; il n'en résulta que désordre et confusion, en Allemagne aussi bien qu'en France. L'Angleterre seule, plus judicieuse ou déjà plus expérimentée, n'adopta pas la nouvelle théorie, et sut ainsi se soustraire au mal immense qui détruisit de fond en comble nos races françaises, lorsqu'elle devait servir à leur prompte régénération (1). »

Disons aussi que la France, dans le courant du XVIIIe siècle, fut prise d'une passion singulière pour les grands chevaux du Nord. La cour montait peu de chevaux français. L'anglomanie était poussée fort loin dans les hautes classes de la société. « Dès sa jeunesse, le duc d'Orléans, Louis-Philippe-Joseph, s'était fait l'expression des mœurs, des habitudes, des coutumes anglaises : chevaux, chiens de chasse, jockeys, tout était emprunté à l'Angleterre (2). »

C'est certainement à cette dernière circonstance que Bourgelat fait allusion, lorsqu'il dit : « Parlons donc le langage de la vérité : quelques princes, quelques seigneurs, sans prévoir le tort qu'ils pourraient faire à cette branche de commerce parmi nous, ont consacré des chevaux anglais à leur service, soit pour la chasse, soit pour les attelages ; bientôt des hommes de toutes les conditions ont pensé qu'il y aurait un mérite à s'en procurer, et s'en sont pourvus . . . .

. . . .

Cependant, le défaut de consommation, en ce qui regarde nos chevaux français, jette inévitablement le possesseur, qui fait des élèves, dans un découragement total, et c'est ainsi que nous hâtons nous-mêmes la décadence et la ruine de nos établissements. »

(1) Gayot, *Institutions hippiques*.

(2) Capefigue.

Pendant une partie du XVIIIe siècle, au dire de Weltheim, le beau idéal était une robe pie, une tête demi-circulaire, et la plus grande quantité possible de crins. Ces goûts dépravés existaient surtout en Allemagne, cependant on les retrouvait en France. Bien entendu que, pour faire place à ces chevaux que la mode recherchait, il fallait éliminer les arabes, les espagnols, les barbes.

L'Angleterre, d'après Bohan, avant la révolution, fournissait quatre mille chevaux pour Versailles et Paris seulement.

Nonobstant ces obstacles nombreux qui devaient entraver l'action du gouvernement, et paralyser les efforts de l'industrie chevaline pendant le XVIIIe siècle, il faut convenir que les circonstances politiques étaient bien moins favorables qu'autrefois à la production indigène. Les hommes de la féodalité avaient beaucoup d'ardeur pour la chasse. Leur forte organisation avait, en quelque sorte, besoin des émotions que donne l'usage du cheval. Pas de diplomatie pour eux; leur politique était toute d'action. Presque toujours ils étaient engagés dans des expéditions lointaines ou dans des révoltes. Les voyages se faisaient à cheval. Les parlements, les abbayes, les hommes de loi, les médecins usaient beaucoup de chevaux. La production sollicitée constamment par une consommation active, pressante, définie, presque uniforme, suffisait presque à tous les besoins. Toutefois, nous avons vu que la destruction des haras particuliers où se propageaient les bonnes races avait été le commencement, la cause efficiente de la décadence.

Pourquoi la France du XVIIIe siècle n'a-t-elle pas imité l'Angleterre et profité de ses enseignements? Son climat, son sol étaient-ils moins bons, moins propres à l'élevage des chevaux? Loin de là; et la supériorité de la France sur la Grande-Bretagne, sous ces rapports, était reconnue et proclamée par les agronomes anglais eux-mêmes.

Les races anglaises étaient-elles meilleures que les nôtres, avant l'introduction suivie des étalons de l'Orient et leur emploi comme régénérateurs? Encore moins. Nous avons vu qu'elles étaient peu florissantes au temps d'Élisabeth. Préseau de Dompierre dit positivement que les chevaux d'attelage et les *catogans* des Anglais ne valaient pas nos chevaux de carrosse et nos bidets normands, et que leurs races indigènes, sans mélange de sang arabe, étaient inférieures aux races françaises.

L'Angleterre mit, dans ses mesures d'amélioration, une tenue, une persévérance dont nous paraissons incapables. Soixante ans au moins s'écoulèrent après l'introduction suivie des étalons arabes, jusqu'au jour où leur influence devint très-appréciable, et le progrès évident. L'Angleterre ne se rebuta pas; elle poursuivit avec un admirable bon sens pratique ses importations et ses croisements. C'est que, dans la restauration des races domestiques, rien n'est plus préjudiciable que les métissages commencés, puis suspendus. C'est qu'il n'est pas de perfectionnement possible sans méthode rationnelle et sans esprit de suite.

Troisième Période.

Nous avons vu précédemment qu'avant le XVIIe siècle l'industrie chevaline privée satisfaisait généralement, en France, aux besoins de la consommation. Alors, elle jouissait d'une liberté entière. L'État n'intervenait point dans ses opérations. Une consommation active et peu variée était, pour elle, un stimulant efficace.

Nous avons signalé les causes de la décadence dont furent frappées les races françaises, ainsi que les mesures qui furent prises pour les soutenir et les relever de leurs ruines. Nous avons dit le peu de succès de ces efforts, et les plaintes suscitées par les moyens que l'on avait crus propres à faire cesser et à réparer le mal.

La suppression de l'intervention publique dans la production des chevaux rendit à l'industrie la liberté dont elle se trouvait privée depuis cent vingt-cinq ans, et la laissa encore une fois seule en face du consommateur, sans autre appui que la consommation, sans autre stimulant que l'espoir des bénéfices éventuels de ses ventes. Mais les conditions ont bien changé autour d'elle. Que fera-t-elle en présence de ce nouvel état de choses? Essaiera-t-elle de se développer et de se suffire à elle-même? de rendre aux anciennes races équestres de la France une partie de leur splendeur éclipsée? Elle l'essayera peut-être, mais cette fois elle échouera dans cette tâche.

Des obstacles que l'on n'avait pas prévus surgirent de toutes parts.

Une industrie qui s'exerce sur des objets dont la fabrication demande du temps, qui est environnée de beaucoup de chances fâcheuses, et donne souvent peu de bénéfices, veut de la sécurité, de la confiance dans les institutions. Les événements qui suivirent de près la suppression de l'intervention, la guerre, les réquisitions, la dispersion des grandes fortunes, la proscription ou la mort de la majorité des anciens propriétaires du sol, l'avènement tumultueux des idées nouvelles, étaient bien de nature à jeter le trouble dans toutes les opérations agricoles, et à arrêter les premiers pas de la production chevaline dans la voie où elle était entrée.

Huzard, chargé par le gouvernement consulaire de rechercher les moyens de remédier aux maux que cette industrie avait soufferts et d'améliorer l'espèce, a fait, de ces premiers moments d'émancipation, un tableau qui mérite d'être rapporté. « On peut, dit-il, faire remonter l'époque de la diminution et de l'abâtardissement de nos chevaux, à d'anciennes fautes du gouvernement, suivies de longues erreurs dans l'administration de cette partie, si difficile à bien connaître et plus difficile encore à bien diriger. Mais il faut convenir que les convulsions et les crises de tous genres qui ont signalé, d'une manière si effrayante, les premiers élans de la nation française vers la liberté, que surtout les besoins toujours plus pressants, toujours plus impérieux de plusieurs guerres à la fois, ont porté le dernier coup à cette branche autrefois si florissante des productions de notre sol, par l'appauvrissement, l'inquiétude et le découragement du cultivateur, forcé de sacrifier, à tous les instants, sa fortune au service de la nation.

« De longtemps, il n'oubliera les réquisitions et la manière désastreuse dont le plus grand nombre d'entre elles ont été faites. C'était peu d'enlever les chevaux et les juments qui auraient pu soutenir la beauté et la bonté de nos races; c'était peu d'arracher sans discernement, au commerce et à l'agriculture, tout ce qui pouvait servir aux armées. Le choix tombait encore, et de préférence, sur l'étalon, sur les juments poulinières, sur les poulains de la plus belle espérance, dans lesquels la taille et la force avaient pu devancer l'âge. Enfin, les choses en étaient venues au point que les plus beaux chevaux, jadis l'orgueil du laboureur, devenaient pour lui un sujet de crainte et une cause de misère, qui le forçait, pour son propre intérêt, à s'en débarrasser à quelque prix que ce fût, pour échapper au fléau de la réquisition, et à les remplacer par des individus tarés et assez défectueux pour être jugés indignes, ou plutôt incapables de faire le service des armées.

« On a vu le cultivateur, à cette époque, rejeter les animaux de choix, s'attacher de préférence à ceux de rebut, et, ne prévoyant pas le terme de ses craintes, tirer volontairement race de ces derniers, pour assurer au moins ses travaux et sa fortune. On l'a vu faire saillir des poulains, faire porter des pouliches longtemps avant que les uns et les autres eussent acquis les forces nécessaires et le développement dont ils avaient besoin (1). »

(1) Huzard, *loc. citat.*, p. 5 et suiv.

Ce qui devait résulter d'un semblable état de choses est facile à prévoir : une diminution notable dans le nombre des individus, et la dégénération presque générale de nos races.

D'autres causes concoururent encore au résultat que je signale. Etait-ce au moment d'une crise universelle, où toutes les fortunes étaient ébranlées, les propriétés menacées, les capitaux resserrés, que l'on devait s'en rapporter entièrement aux particuliers, pour le genre de spéculation qui exige les avances les plus considérables, qui oblige aux soins les plus réfléchis, et qui commande la plus constante assiduité?

« Après le décret de l'Assemblée constituante, tout ce qui existait dans les haras fut livré au pillage le plus révoltant; presque tous les étalons furent coupés, ou vendus, ou exportés; les juments pleines et les poulains eurent le même sort; à peine en échappa-t-il quelques-uns à la destruction (1). »

Au reste, en matière de croisement et d'amélioration, la France était singulièrement en arrière. Avant Buffon, nous ne possédions aucun traité scientifique sur l'élève du cheval. Elle s'était faite, sans doute, autrefois, avec intelligence dans les haras des grands seigneurs et des souverains, mais les cultivateurs avaient toujours opéré selon leur bon plaisir. La Grande-Bretagne, dans la création de ses races de chevaux de sang, de ses races bovine de Durham, ovine de Dishley, nous avait cependant donné de précieux exemples; mais ils étaient alors perdus pour nous. La doctrine de Buffon et de Bourgelat avait jeté la production dans une sorte d'anarchie. Huzard père, lui-même, dans le travail très-remarquable que je viens de citer, ne conclut pas d'une manière bien précise.

On avait, sur l'influence du climat et sur la dégénération des races, des opinions qui faisaient la base de l'hippologie. Le cheval était considéré comme étant, de tous les animaux do-

(1) Huzard, *loc. citat.*, p. 5 et suiv.

mestiques, le moins susceptible de se conserver sans dégénérer. Et les croisements devaient combattre les défauts produits par le climat. La dégénération est inévitable, disait-on; son degré, sa promptitude sont proportionnés à la différence des climats. Aussi, y a-t-il plus d'avantage à croiser les races étrangères qu'à les conserver pures. Le croisement remplit alors deux buts : il empêche la dégénération de la race transplantée et améliore la race du pays (1).

Huzard voulait que les croisements se fissent du midi au nord. Il divisait la France en deux parties, selon une ligne s'étendant du Jura à l'embouchure de la Loire. Toutes les bonnes races qui se trouvaient au nord de cette ligne pouvaient être utilement croisées par celles qui se trouvaient au midi, et par les races du Tyrol, de la Transylvanie, de la Hongrie, etc. Celles de la zone méridionale ne pouvaient être régénérées que par des races vivant au-dessus du 42°, en Orient, en Italie, en Espagne, etc.

Tessier, dans l'*Encyclopédie méthodique* du XVIIIe siècle, partage l'erreur de Buffon sur les croisements. L'hippologie manquait encore d'un principe fondamental. La véritable question du pur sang, résolue dans la pratique chez nos voisins d'outre-Manche, n'était encore chez nous qu'à l'état de théorie imparfaite. Il était donc plus facile alors de signaler les erreurs de l'ancienne administration que de leur substituer un système certain.

L'Angleterre, il est vrai, n'a pas de haras royaux ni d'enseignement agricole public; mais la plupart des fermiers, des propriétaires-cultivateurs, des petits cultivateurs même, élèvent des chevaux; ils sont possesseurs de belles juments poulinières; ils font des sacrifices pour élever de beaux et bons

(1) On a dit que les véritables causes de l'infériorité actuelle de la France résidait dans le défaut de connaissances précises de la science des croisements et des accouplements, et surtout dans le manque de persévérance.

animaux ; ils y mettent un soin, une attention, dont on ne se doute pas dans la plupart de nos provinces ; par conséquent, les haras domestiques y sont très-nombreux et on ne peut mieux entendus (1).

M. Léonce de Lavergne, dans un travail très-récent, confirme et développe, dans les termes suivants, ces appréciations : « On peut dire, sans exagération, que toute la richesse britannique semble n'avoir d'autre but que l'entretien des haras de beaux chevaux. Un beau cheval résume, pour tout le monde, l'idéal de la vie élégante : c'est le premier rêve de la jeune fille, comme le plaisir de l'homme vieilli dans les travaux. Ce qui tient à l'éducation des chevaux de selle, aux courses, aux chasses, à tous les exercices où se déploient les qualités de ces brillants favoris, est la grande affaire du pays entier ; le peuple s'y intéresse comme les grands seigneurs..... »

Ce qui est vrai pour l'Angleterre, aujourd'hui, l'était également à la fin du siècle dernier. Là est le secret de sa supériorité actuelle. En France, il est reconnu qu'en matière d'économie rurale on ne peut s'en rapporter exclusivement à l'intérêt particulier. Un vicomte de Noailles a bien pu dire, dans la Constituante, que pour avoir de beaux chevaux il fallait supprimer les haras publics, et pour avoir de beaux arbres arracher les pépinières ; mais la France ne fut pas longtemps de l'avis du noble tribun.

La destruction des haras et des manéges put donc être considérée comme une leçon terrible.

Aussi deux ans s'étaient à peine écoulés, que de toutes parts on réclamait un retour à l'intervention.

Ce serait une erreur de comparer la production chevaline à l'une ou à l'autre des industries qui, émancipées comme elle dès le commencement de la Révolution, ont grandi et prospéré sous la double impulsion de la concurrence et des béné-

(1) Huzard fils, *Des haras domestiques et des haras de l'État*

fiées ; aux industries qui s'exercent sur des matières brutes, où la perfection de l'instrument et l'habileté manuelle de l'ouvrier jouent les principaux rôles ; aux arts où le calcul mathématique peut être appliqué. Ici, le produit manufacturé, l'objet fabriqué est vendu ou utilisé tel quel ; il ne devient point le facteur, le générateur des produits à venir. S'il est de mauvaise qualité, on le livre à bas prix ; il ne saurait faire un obstacle direct à la création de produits meilleurs.

Mais, dans les opérations qui ont les êtres animés pour objet, l'homme doit lutter non-seulement contre les agents extérieurs qui échappent en grande partie à son empire, et qui, néanmoins, peuvent modifier les êtres dans un sens contraire à ses vues, il doit lutter aussi contre les vices des produits eux-mêmes appelés, par les lois de l'animalité, à se perpétuer avec leurs qualités et leurs défauts.

Les difficultés de la production animale sont bien plus grandes encore lorsqu'il s'agit des chevaux dont la valeur vénale est souvent indépendante du volume, et quelquefois même du mérite réel des individus.

L'industrie chevaline d'alors n'était point en mesure de parer à tous les obstacles qui s'offraient à elle ; elle avait besoin d'être soutenue, d'être encouragée dans son œuvre.

La période à laquelle j'ai assigné une durée de seize ans, ne devrait s'étendre, à la rigueur, que de 1790 à 1795 : car la Convention décréta, le 2 germinal an III, le rétablissement des haras publics.

Il fut décidé que l'on réunirait le plus grand nombre possible d'étalons capables de produire pour la cavalerie, et qu'on les placerait dans sept dépôts entretenus aux frais de la République. Des étalons de trait et de labour, des poulinières devaient être vendus à des cultivateurs avec une remise sur le prix d'enchère, avec promesse de primes, et à la condition, bien entendu, d'employer les animaux à la reproduction.

Mais la nouvelle création ne reçut qu'une exécution très-incomplète. Les circonstances étaient trop difficiles ; tout manquait à la fois, l'argent et les reproducteurs. Le Pin, Pompadour et Rosières furent seuls rétablis, et, comme le dit M. Gayot, « ils vécurent de langueur, en attendant des jours plus heureux. »

Légalement, toutefois, et administrativement, la suppression n'avait duré que cinq ans.

Le 18 fructidor an VI, un rapport remarquable, contenant un nouveau plan de réorganisation des haras, fut présenté au conseil des Cinq-Cents par Eschasseriaux jeune. Mais ce système, insuffisant pour le but que l'on voulait atteindre, allait encore bien au-delà des ressources dont on pouvait disposer. Il ne fut pas discuté.

Dans un mémoire sur les haras, publié en l'an VIII, on lit : « Il n'y a plus de chevaux en France ; la guerre, les réquisitions, l'émigration, les brigandages ont tout détruit. »

Si j'ai assigné à la période que nous examinons, la limite de 1806, c'est que la loi du 2 germinal eut si peu d'effet, qu'elle ne changea pas l'état des choses. Il faut arriver au décret impérial du 4 juillet pour rencontrer une véritable et sérieuse organisation.

Toutefois, la situation ne fut point la même dans tout cet intervalle. Elle s'améliora sensiblement pendant les premières années du XIXe siècle, et l'on vit alors un nouvel exemple de ce que peuvent la sécurité, la confiance et la consommation sur une industrie souffrante.

En même temps que le Consulat et l'Empire portaient les armes de la France au plus haut degré de gloire, de nouveaux débouchés étaient ouverts au commerce, des canaux étaient creusés, des routes tracées sur presque tous les points d'un vaste territoire ; les relations de province à province, de département à département étaient chaque jour rendues plus actives, plus nombreuses et plus faciles. Les postes étaient réorganisées et étendues ; de nombreuses messageries s'établissaient ; le roulage, jusqu'alors difficile et restreint, prenait un développement considérable.

La vapeur n'était pas encore employée comme force motrice ; rien ne faisait même pressentir les merveilles industrielles que le génie de l'homme a réalisées depuis, à l'aide de son application. Le cheval était le principal agent des transports, et son nom est même resté dans la technologie comme un signe conventionnel pour la mesure de la puissance des machines.

Avant 1789 on ne s'occupait guère du cheval de trait. Le bœuf était employé, en France du moins, non-seulement aux travaux agricoles, mais encore aux charrois. Les étalons officiels étaient presque tous propres à fournir des animaux pour la selle, pour l'armée ou pour les attelages de luxe. Les autres étaient comme le rebut de ces derniers.

Les anciens produits ne suffisaient donc plus aux besoins variés d'une société nouvelle.

Dans la pensée du gouvernement, la production du cheval de guerre devait être le but capital de l'intervention ; mais celle des races de trait, dans les contrées où elles pouvaient le mieux réussir, devait être également encouragée.

Le commerce paie mieux que l'armée ; ses besoins, plus constants, plus uniformes, sont soumis à moins de chances. Le nombre de ses consommateurs est plus grand. D'ailleurs, l'élevage du cheval commun est plus facile et moins coûteux, il exige moins de soins et d'attention ; ses bénéfices sont réalisables à tout moment : toutes circonstances qui conviennent au caractère du cultivateur français. Les grandes races du Nord, du littoral de la Manche et de l'Océan, du Poitou ; les races plus petites, mais communes, de la Bretagne, du Perche, de la Franche-Comté, de la Lorraine, se multiplièrent donc au détriment des races plus légères et plus distinguées de la Normandie, du Limousin, de l'Auvergne et des Pyrénées.

On éleva le cheval de trait dans tous les lieux où il était possible de le produire. Beaucoup de poulinières, qui eussent produit de bons sujets pour la selle, furent livrées au baudet.

Cette tendance ne pouvait échapper au gouvernement de Napoléon. Il était urgent de l'arrêter, de donner à l'industrie une direction plus conforme aux conditions de sûreté du pays. On sentait que dans un Empire presque toujours en guerre avec les nations voisines, et qui, d'un instant à l'autre, pouvait avoir à répondre, devant l'Europe coalisée, de sa gloire et de ses conquêtes, la production du cheval de cavalerie devait être sollicitée par tous les moyens. Et comme il était reconnu que dans l'état où se trouvait l'espèce, il n'était plus possible d'abandonner le cheval léger à l'industrie particulière, la réorganisation des haras devenait une nécessité, et elle devait être faite en vue surtout du cheval de cavalerie. Tous les écrits publiés à cette époque sur les matières hippiques, accusent cette pensée du gouvernement.

C'est au moment dont je parle ici que fut aussi résolue l'application, en France, d'un moyen d'encouragement qui avait produit en Angleterre des résultats immenses, je veux parler dès courses de vitesse. Je consacrerai à son examen un chapitre particulier.

Quatrième Période.

Le décret impérial du 4 juillet 1806, portant réorganisation des haras, trouvait en activité, mais dans une situation assez précaire, quelques établissements consacrés à l'entretien des étalons. Le Pin, Pompadour, Rosières et Angers, mal pourvus sans doute, fonctionnaient cependant.

La France, dont les limites étaient plus étendues qu'elles ne le sont aujourd'hui, fut divisée en six arrondissements hippiques, ayant pour chefs-lieux : Le Pin, Langonnet, Pompadour, Pau, la Manderie-de-la-Vénerie, Deux-Ponts. Chacune de ces circonscriptions devait recevoir un haras et plusieurs dépôts.

La formation de deux écoles d'expériences avait également été décrétée. Elles devaient être placées dans les écoles vétérinaires d'Alfort et de Lyon. Cette partie du décret ne reçut pas son exécution.

Le nombre des étalons de l'État, fixé à six cents par le décret de l'an III, fut porté, par celui du 4 juillet, à mille quatre cent soixante-dix au minimum, et à mille huit cent vingt-cinq au maximum.

Le budget de l'intervention s'éleva d'abord au chiffre de 2,000,000 francs.

En 1806, le nombre des étalons appartenant à l'État était encore réduit à trois cent quatre-vingts. En 1809, il montait déjà à neuf cent quatre-vingt-dix-sept. Il atteignit, en 1812, le chiffre de mille trois cents qu'il ne dépassa jamais.

Les deux tiers de ces producteurs devaient appartenir aux races françaises, le reste aux races étrangères les plus remarquables.

La régénération de l'espèce devait être poursuivie méthodiquement et de bas en haut. Les vues de Huzard père, sur l'amélioration, allaient recevoir une large application. Ces vues étaient simples, d'ailleurs, et en dépit des critiques dont elles ont été l'objet, les seules appropriées à l'état de nos races, et aux conditions de l'industrie chevaline de l'époque. Rechercher minutieusement les rejetons des meilleures races, réunir les semblables, et par leur moyen refaire lentement, mais sûrement, les grandes familles presque perdues, et, ce travail achevé, croiser avec le pur sang oriental ; tel était le système hippique qui devait se substituer aux fausses théories de Buffon et de Bourgelat, sur les croisements. C'était, comme le dit

Huzard lui-même, l'application à l'espèce équestre des principes de conservation et de perfectionnement que Daubenton avait mis si heureusement en pratique pour le mouton.

L'administration faisait donc acheter les meilleurs étalons indigènes, et les plaçait dans ses établissements. Un assez grand nombre de chevaux entiers avaient été ramenés en France après l'expédition d'Egypte, ils formèrent le noyau de la phalange orientale à laquelle devait être confiée la régénération définitive.

Le décret de 1806 n'était, au fond, que la loi de germinal développée, et en quelque sorte expliquée. On n'avait rien conservé du système d'intervention renversé par la Constituante. Le dépôt des étalons entre les mains des particuliers, qui, dès l'origine, paraissait un moyen puissant d'encourager la production, de la solliciter, fut jugé désormais impossible ou infructueux.

L'industrie privée ayant failli à sa tâche après 1790, le gouvernement se trouvait conduit à se mettre en quelque façon à sa place, ou du moins à la diriger dans le sens qu'il croyait le plus conforme aux véritables intérêts du pays.

Le mot d'ordre de l'intervention avait été : encouragement et liberté. L'administration n'y resta fidèle que jusqu'à un certain point. Le budget, quoique considérable, était néanmoins insuffisant. Et les établissements publics en absorbaient une bonne partie. Les courses créées en 1805 étaient mal dotées. Les primes aux poulinières et aux poulains ne se distribuaient pas. On ne délivrait aucune approbation d'étalons. Le décret, dit M. Gayot, faisait la part de l'industrie particulière, et la sollicitait par des primes de diverse nature ; mais, au fond, il comptait assez peu sur son concours et ses forces. Il ne s'en préoccupe guère en effet, car il dispose tout en vue de l'action directe du gouvernement . . . .

Il est évident que toutes les ressources avaient, dès l'origine, dans la pensée du souverain, une tout autre destination ; la pratique n'est pas venue contredire les intentions.

« L'intervention attaque vivement et hardiment l'œuvre de la reproduction, sans se préoccuper autrement de la théorie, des idées systématiques et dangereuses de ceux qui ne voulaient en rien le concours de l'État dans les opérations de l'industrie chevaline (1). »

Elle comptait d'ailleurs sur un auxiliaire puissant qui ne lui faisait point défaut : une active consommation.

La liberté promise n'était pas non plus accordée sans quelques restrictions. Chacun était bien libre de livrer ou non à la reproduction ses étalons et ses poulinières ; mais le décret du 4 juillet et la circulaire du 22 août 1806 n'en renferment pas moins certaines mesures répressives.

Nous avons vu qu'en 1812 le nombre des étalons appartenant à l'État était de mille trois cents. Ces animaux se trouvaient dispersés dans trente-cinq établissements, haras ou dépôts.

Les haras renfermaient aussi soixante-dix-sept poulinières et trois cent trente poulains ou pouliches.

A cette époque, la population chevaline de France était évaluée à deux millions cent soixante-dix mille têtes. Deux cent dix-sept mille produits devaient venir chaque année compenser les pertes ; vingt mille seulement pouvaient être attribués aux étalons de l'État.

On ne saurait douter que Napoléon, en réorganisant les haras, n'eût surtout en vue la régénération des races de selle et la production du cheval de troupe. Les moyens puissants dont il disposait auraient très-probablement conduit à ce double but s'ils avaient pu être employés avec persévérance.

J'ai dit, précédemment, que la France avait retrouvé sous le Consulat et pendant les premières années de l'Empire une certaine prospérité hippique due au retour de la confiance et de la

(1) Eug. Gayot, *Institutions hippiques*.

sécurité, à une large consommation, au développement de l'industrie et du commerce. Mais ce mieux se faisait surtout sentir sur les races communes qui gagnaient en nombre et en qualité.

Plus tard, les races de selle participèrent à ce progrès. Les habitudes de l'Empire avaient ramené dans les hautes classes de la société le goût du beau cheval, et, ce qui valait mieux, le goût du cheval français.

« Le rétablissement d'une cour brillante, la création d'une noblesse nouvelle fondée sur une illustration militaire, l'institution de majorats portant titres et distinctions, le luxe obligé des nouveaux enrichis, des hauts fonctionnaires, étaient des moyens employés par le souverain pour faire prospérer le commerce et l'industrie (1). »

Napoléon lui-même donnait l'exemple, il ne montait guère que des chevaux arabes ou français.

« L'Empereur, ses frères, ses généraux, les grands dignitaires de l'État, les amateurs de toutes les classes se montaient dans nos herbages. Les chevaux se vendaient à tout prix; les bénéfices réels ou apparents de l'éducation excitaient une grande émulation. Les cultivateurs ne reculaient devant aucun sacrifice, dans l'espoir d'un gros lot à cette espèce de loterie.

« Les juments de race, les pouliches se gardaient soigneusement pour la production, et ceux qui étaient assez heureux pour les posséder, ne consentaient à s'en défaire qu'avec une répugnance extrême (2). »

Pour qui sait combien la consommation a d'influence sur la prospérité d'une industrie, il n'y a pas le moindre doute que la continuation d'un semblable état de choses eût conduit au résultat que l'on se proposait.

Malheureusement, la reprise des hostilités, la création

(1) Comte de Montendre, *Institutions hippiques*, t. II, p. 26.
(2) Comte de Turenne, *Résumé de la question, etc.*

d'armées nombreuses, et surtout les désastres de la fin de l'Empire, vinrent arrêter cet essor et faire échouer tous les projets. Il fallut encore une fois s'attaquer aux ressources sur lesquelles se fondaient les espérances de l'avenir.

« Arrivèrent les événements de la campagne de Russie, il fallut créer une nouvelle cavalerie ; les ressources de l'étranger nous manquaient ; les pays occupés par nos armées étaient épuisés. Dans l'espace de quatre mois, la France eut à fournir près de quarante mille chevaux. Chaque commune eut son contingent, chaque administration locale dut contribuer à titre de *dons volontaires ;* les gardes-d'honneur, formés dans tous les départements, absorbèrent à eux seuls dix mille chevaux. Les mâles ne pouvant suffire, on eut recours aux femelles : les poulinières furent enlevées comme en 1712, et les haras éprouvèrent une seconde révolution.

« Peu d'années après, les armées étrangères envahissent la France, les réquisitions se multiplient. De toutes parts les établissements de haras doivent fuir à l'approche d'un ennemi qui les menace de représailles. Nombre d'étalons précieux sont perdus dans des marches et contre-marches faites au milieu de l'hiver ; cent quatre-vingts de ces animaux, dont se composaient nos trois plus beaux établissements, sont enlevés par les Autrichiens à Auxerre.

« Bientôt de nouveaux événements suscitent une nouvelle guerre. Que de chevaux ne fallut-il pas en 1815, pour préparer cette bataille qui décida du sort de la France ! On sait que huit mille furent pris à la fois aux gendarmes, qui cependant trouvèrent à les remplacer. La France est en proie à une nouvelle invasion. L'ennemi, en possession de nos plus belles provinces, y faisait aussi des réquisitions (1). »

On estime que les campagnes de Russie en 1812, de Dresde

(1) Comte de Lastic Saint-Jal, *Lettre sur les haras.*

en 1813, de France en 1814 et de Waterloo en 1815, ont coûté au pays deux cent mille chevaux.

On s'étonne quelquefois que la France, au moment des dernières luttes de l'Empire et des désastres de Leipsick, Moscou et Waterloo, ait trouvé chez elle tant de ressources en chevaux. C'est à tort. On oublie la puissante vitalité des anciennes races françaises, et la valeur des petits mais robustes animaux de nos contrées montueuses des Pyrénées, du centre, du Charollais, du Morvan, de la Bretagne, des patriotiques campagnes de la Lorraine.

Quoi qu'il en soit, lorsque se fait la deuxième restauration, la France se trouve encore une fois dépourvue de chevaux.

Nous la voyons même entrer, dès cet instant, dans une nouvelle période décroissante, qui se manifeste par une tendance des races, dans les contrées de grande production, à se rapprocher des types communs.

Le retour des Bourbons fut comme le signal de cette décadence. La France s'éprit alors d'un singulier amour pour les chevaux étrangers, anglais et allemands. Il fut de bon ton, parmi les amateurs, d'affecter une sorte de mépris pour les produits indigènes; et, comme le dit M. Houël, désormais le cheval de Paris dut être élevé sur les bords de la Tamise.

Tout était devenu anglais : équipages, chevaux de chasse, de service, etc. Et pendant ce temps les écuries de nos éleveurs se remplissaient d'animaux dont ils ne trouvaient plus à se défaire.

« Contrairement à ce qui s'était pratiqué jusque là au grand avantage de nos éleveurs, la Restauration n'achète pas, ne consomme pas un seul cheval français. Elle introduit l'usage exclusif du cheval anglais dans les hautes classes de la société, et parmi les gens qui, sans leur appartenir, les imitent par ton et pour suivre la mode. Les spéculateurs, le haut maquignonnage et l'armée ne demeurèrent pas en reste. Les officiers suivirent le torrent ; ils oublièrent tout à coup la valeur de ces belles et bonnes races françaises qu'ils avaient connues à l'œuvre, et qu'ils paraissent tant regretter aujourd'hui qu'ils ne les connaissent plus. Dans leur patriotisme, ils ne montèrent que des chevaux étrangers. Les remontes générales furent toutes puisées en Allemagne. Ainsi déshéritée, notre industrie succomba rapidement. La cour, le luxe et l'armée portèrent à l'étranger l'or de la France (1). »

Ce n'est là qu'un écho des plaintes dont sont remplis les mémoires du temps.

Les conséquences de cette conduite antifrançaise ne se firent pas longtemps attendre. L'élevage du cheval de selle perdit encore du terrain. Les bénéfices devenant moins assurés et plus faibles à mesure que le consommateur s'éloignait, on opéra avec plus de parcimonie, et il en résulta un affaiblissement progressif de l'espèce.

Les chevaux français se vendant à des prix inférieurs à leur valeur réelle, les étrangers vinrent chez nous acheter des étalons et des juments. Le Merlerault, le Cotentin en fournirent à l'Angleterre et à l'Allemagne.

L'Espagne, le Portugal n'avaient plus de chevaux, leurs haras avaient été détruits pour la plupart pendant l'occupation : la frontière s'ouvre, huit mille poulinières et dix mille chevaux mâles passent de la France dans la péninsule. Et lorsque cette exportation est prohibée, il est trop tard, de précieux éléments de régénération nous étaient enlevés et allaient aider nos voisins.

L'Allemagne surtout profita des fautes qui furent commises alors. Ce qui faisait la ruine de notre agriculture fit la fortune de la sienne.

De longues guerres avaient épuisé de chevaux ce pays aussi bien et plus peut-être que nous ne l'étions nous-mêmes. Mais

(1) Eug. Gayot, *Institutions hippiques*.

la production encouragée par l'argent de la France, protégée par la paix, s'y releva en peu de temps. Les pâturages du Holstein, du Danemark, du Hanovre, de l'Oldenbourg, du Mecklenbourg, etc., se repeuplèrent rapidement de ces races fortes qui fournissent en France les carrossiers désignés sous le nom générique de *chevaux allemands.*

Le sol de ces contrées est *herbeux;* l'Allemand est apte à l'élevage et au dressage des chevaux; les plaines basses, les pentes fortement inclinées qui s'étendent presque sans interruption depuis la Manche jusqu'à la mer du Nord, sont éminemment propres à la production du grand cheval, et la population humaine n'y est point trop pressée: quelles circonstances heureuses pour produire à bon marché et bien!

L'industrie française pouvait-elle soutenir la concurrence? Elle ne l'essayait même pas.

Aujourd'hui, malgré les droits prohibitifs qui frappent les chevaux étrangers à leur entrée en France, les produits de l'Allemagne inondent nos grands marchés de Paris, Metz, Strasbourg et Lyon, remplissent les écuries des pourvoyeurs du luxe, et font à nos carrossiers de la Normandie, du Poitou, du Nord, de la Bretagne, une concurrence écrasante.

L'industrie française devint timide, arriérée, défiante de sa volonté et de ses forces. Du reste, eût-elle été plus habile et plus hardie, elle n'eût probablement pas pu se soutenir en face de l'abandon qui frappait ses produits.

Les contrées les plus propres à l'élève du cheval de selle, les Pyrénées, l'Auvergne, le Limousin, la Lorraine, dont les productions ne trouvent plus de débouchés, laissent perdre les derniers débris de leurs excellentes races, vendent leurs juments ou les livrent au baudet.

La Normandie elle-même n'échappe pas à cette espèce d'entraînement ou de nécessité. Elle conserve, elle étend dans ses riches herbages l'éducation du cheval boulonnais. Ou bien, comme elle met aujourd'hui sa gloire à faire les plus grands bœufs, elle la met à faire les énormes carrossiers qu'on a vus traîner les voitures de l'ancienne cour, que notre dernier monarque envoyait en présent aux potentats étrangers, et dont le comte de Strada, écuyer de Louis-Philippe, déplorait naguère encore la perte.

La diminution de nos races légères a eu pour nous d'autres résultats que la souffrance prolongée d'une industrie autrefois florissante, qui est une des branches importantes de l'économie rurale. Elle nous a rendus tributaires de nos voisins d'outre-Rhin et d'outre-Manche, mieux avisés que nous. Elle nous a forcés de leur porter tous les ans des sommes considérables pour la remonte du luxe et même de l'armée.

Ce qui était autrefois une affaire de mode est devenu presque une obligation.

On peut même aller plus loin, et dire qu'elle a compromis, jusqu'à un certain point, la sûreté nationale. Les hommes de chevaux, les militaires n'ont pas oublié les désastreuses remontes de 1831, de 1840 et de 1848.

Je ne prétends pas que l'industrie privée n'avait point le droit de choisir le genre de production qui lui offrait le plus de chances de bénéfices. Pourtant, je ne saurais me dispenser de regarder comme un malheur public l'obligation dans laquelle elle s'est trouvée, sur beaucoup de points, de négliger les races légères, pour s'attacher aux chevaux communs.

Le danger et les fautes dont je parle ne pouvaient échapper longtemps au gouvernement de la Restauration. On s'aperçut que nos voisins s'enrichissaient à nos dépens, et qu'il y avait au moins de la duperie à encourager chez les autres une industrie que la France pouvait exercer.

Les remontes à l'étranger furent supprimées. Celles de la maison royale se firent moitié en France, moitié au dehors; ce qui était, comme le dit spirituellement M. d'Aure, à moitié national.

Cependant, les fautes dont je parle se renouvelèrent après la révolution de Juillet. Des achats considérables de chevaux de service eurent lieu pour les maisons de Louis-Philippe et du duc d'Orléans, en Angleterre et en Allemagne.

L'administration de la guerre qui regardait les haras comme destinés uniquement à relever les races de selle et, conséquemment, à créer le cheval de troupe, mécontente des produits qui lui étaient offerts, ne trouvant plus en effet à se remonter convenablement en France, continuait à acheter à l'étranger et tentait de faire entrer les haras dans ses attributions. De là des luttes de plume et d'influence, et ce qu'on a appelé, dans le temps, la guerre des brochures, qui n'a servi qu'à constater notre infériorité hippique, sans nous donner le moyen d'en sortir.

C'est aussi sous la Restauration, vers 1825, qu'un écuyer, M. Desportes, fut envoyé en Syrie pour y acheter des étalons arabes. On les paya fort cher. Comme il arrive souvent en pareille occasion, beaucoup de personnes les réclamèrent, et on voulut satisfaire tout le monde. Au lieu de les placer au centre d'un pays produisant des chevaux de selle, on les dispersa, et ils ne firent presque pas de bien.

Le système d'intervention de l'Empire était continué, mais amoindri. Le budget avait subi des réductions. Le haras de Pompadour qui pouvait rendre des services, comme pépinière de reproducteurs, pour les contrées du centre et du Midi, descendait, en 1825, à l'état de dépôt.

Cependant, le gouvernement de la Restauration ne laissa pas que de faire quelques efforts pour ramener à une situation meilleure l'industrie chevaline. Dès 1816, les poulinières et les poulains de mérite reçurent des primes. En 1820 on commença à approuver des étalons. Les courses d'hippodrome reçurent des encouragements plus sérieux et prirent de l'extension.

Le nombre des étalons de l'Etat, qui était en 1816 de 963, s'élevait en 1827 à 1297. A la fin de cette période, en 1833, il était descendu à 965.

Le nombre des établissements fixé, à 26 en 1816, avait été porté successivement à 29. Il n'était plus que de 21 en 1833.

De 1815 à 1833, les étalons achetés par l'Etat s'élevaient au chiffre total de 1,902, qui se divisait ainsi :

Arabes ou anglais	223
Normands	853
Autres races françaises. . . .	826
	1,902 (1).

Pendant cette période l'Etat possédait des haras proprement dits, c'est-à-dire des établissements où l'on poursuivait la production des chevaux de tête, où, par conséquent, se trouvaient, à côté des étalons destinés à peupler, dans la saison de la monte, les stations de leur circonscription, des poulinières et des poulains.

De plus, vingt et quelques dépôts renfermaient des étalons seulement.

Les provenances de tous ces reproducteurs étaient fort diverses. On les divisait en catégories d'après leurs aptitudes et la destination des produits qu'on les supposait propres à engendrer. Il y avait des étalons pour la selle, légers ou étoffés,

pour le carrosse, grands, moyens ou petits.

pour le trait, gros ou légers.

Malheureusement, cette diversité déjà passablement grande était encore dépassée par celle des juments auxquelles on les associait. On peut juger par là des disparates que devait présenter cette production.

Les révolutions ne sont pas favorables aux industries qui

(1) Eug. Gayot, *Institutions hippiques*.

demandent de la sécurité. Celle de Juillet nuisit à la production chevaline de deux manières : en éloignant de l'administration des haras des hommes qui avaient acquis de l'expérience ; en supprimant les gardes du corps, dont les remontes eussent pu devenir un encouragement sérieux à l'éducation du beau cheval de selle.

Pour terminer cette revue de la période de production comprise entre 1806 et 1834, il nous reste un dernier point à examiner, à savoir : si l'administration avait un système bien arrêté d'amélioration. Sa solution nous fera connaître définitivement ce que les époques passées ont légué au temps actuel.

M. Gayot lui en suppose un qui consistait à relever les races communes par de bons appareillements, et à les croiser ensuite avec le pur sang. C'était donc la doctrine, l'idée hippique développée par Huzard père en l'an X, ni plus ni moins. Idée simple, rationnelle, facile à mettre en pratique dans une exploitation où le propriétaire peut ordonner en souverain, mais dont l'application à la production de toute une vaste contrée rencontre mille obstacles.

A supposer que ce système ait réellement existé dans la pensée des hommes dirigeants, comment fut-il appliqué ? mal, de l'aveu même des partisans des haras ; on voulut marcher trop vite au but final. L'amélioration devait commencer par le bas à l'aide d'une sélection judicieuse, mais les haras ne voulurent pas de ce rôle modeste qu'ils avaient librement choisi. Il fallait travailler pour l'avenir, préparer le terrain au sang noble ; on voulut régénérer tout à coup. La forme manquait presque partout, on donna du sang. On ne tint presque aucun compte de l'état d'abaissement dans lequel étaient tombées nos races françaises. On agit comme si le cultivateur français avait été à même d'apprécier exactement les vues que se proposait le gouvernement.

De 1806 à 1825, un comité consultatif établi près du

gouvernement, avait été chargé d'examiner les questions de science hippique, et de rechercher le meilleur mode d'encouragement à offrir à l'industrie chevaline. Quel bien a-t-il produit? Il serait assez curieux, dit le comte de Montendre, de compulser ses registres : que de contradictions, que d'incohérences, que d'idées se détruisant mutuellement on y trouverait ! On a dit fort spirituellement, Rivarol, je crois, que l'*Encyclopédie*, ce vaste et colossal ouvrage, était les catacombes de l'esprit humain. Le registre des délibérations du comité des haras, de 1806 à 1825, doit être le chaos de la science hippique. Pouvait-il en être autrement, lorsque les membres de ce comité, quelles que fussent d'ailleurs leurs connaissances et leur capacité, changeaient de directeur ou de ministre tous les six mois, et par conséquent n'étaient pas mus par une pensée unique, et ne suivaient pas un système appuyé sur des bases fixes et solides (1).

Le Français, dit-on, est une nation mobile et changeante, peu propre aux travaux qui exigent de l'esprit de suite, de la persévérance. Ses institutions se ressentent souvent de ce défaut de caractère. Les hommes placés à la tête des administrations se succèdent vite, et dans leur court passage, s'ils peuvent beaucoup pour le mal, ils ne peuvent presque rien pour le bien. Cet inconvénient s'est produit à l'égard des haras dans la seconde partie de la période que nous étudions, c'est-à-dire de 1815 à 1834. Jamais évolutions plus rapides n'avaient été exécutées par les ministres et les directeurs généraux ; c'était, comme on l'a dit plaisamment, une image du mouvement perpétuel.

Au reste, les haras furent l'objet de beaucoup d'attaques. Les Chambres législatives les amoindrirent; la guerre, qui voulait s'en emparer, les dénigra. On les mit vis-à-vis des éleveurs dans un état fâcheux de suspicion. Nous nous en consolerions

(1) Comte Montendre, *Institutions hippiques*.

facilement si l'industrie privée, ainsi prévenue, avait pu se passer de l'intervention et su faire plus et mieux. Il n'en a rien été. Les dépôts et les stations d'étalons sont aussi nécessaires aujourd'hui que jamais.

Cinquième Période.

Nous voici arrivés à la période actuelle de la production. Quelques traits généraux vont me servir à caractériser la situation au moment où elle s'ouvre, c'est-à-dire en 1834.

J'ai fait entrevoir, dans ce qui précède, l'avènement d'un système de perfectionnement, ou mieux de régénération, bien défini. C'est par son inauguration que commence la période qui va nous occuper. Jusqu'alors l'intervention poursuivait un double but : elle voulait relever nos races indigènes par des appareillements bien entendus, par une sélection intelligente, et les transformer, ou leur communiquer, à l'aide du pur sang, la distinction, la légèreté et la vigueur qui leur manquent généralement encore. A partir de 1834, la seconde partie du programme occupe seule le gouvernement.

Les races de trait s'étaient, en effet, tellement multipliées, améliorées même ; les demandes du commerce étaient, pour les éducateurs, un stimulant si efficace, que leur production pouvait se soutenir désormais sans les secours de l'État. La conséquence immédiate qui devait en sortir pour l'intervention, c'était l'expulsion des établissements publics de tous les sujets propres au gros trait ou d'espèce carrossière commune.

Mais le système du pur sang rencontrait encore des résistances opiniâtres. Et l'administration avait à lutter, en même temps, contre les habitudes des éleveurs qui ne comprenaient pas bien ce que l'on voulait d'eux, et contre les partisans trop pressés de sa doctrine.

Les plaintes contre l'exportation de notre argent, pour les

achats de chevaux à l'étranger, se renouvelaient avec un ensemble significatif. Presque tout le monde blâmait cette funeste anglomanie qui avait fait à notre industrie nationale un tort si grave. D'un autre côté, les produits indigènes reprenaient quelque faveur. On commençait à se rappeler que les étrangers étaient venus souvent puiser dans notre belle race normande ; que la race limousine était autrefois la meilleure race de selle après l'arabe, et que l'arabe et l'andalou avaient laissé dans la Navarre un sang précieux. L'antique réputation du cheval français se représentait à la mémoire de tous les hommes qui s'occupaient d'hippologie.

Tandis que le développement du commerce, l'usage des voitures, le bon marché des transports accroissaient la consommation des chevaux de trait, ils faisaient sentir aussi le besoin d'une rapidité plus grande dans les relations. De là, ces réclamations qui surgissaient de toute part sur la nécessité de multiplier, de relever, de régénérer nos races de selle ; les encouragements offerts aux reproducteurs de cette catégorie, et une vive impulsion donnée à l'institution des courses d'hippodrome, jusqu'alors reléguées sur un second plan ; et enfin, on peut le dire, un retour aux saines idées sur l'éducation, dans les grands centres de production.

Ces changements ne se sont point accomplis sans hésitations et sans secousses. Loin de là ; aucune époque n'a été plus féconde en discussions sur les questions hippiques. Mais les tendances générales que je viens de rappeler existaient réellement, et donnaient au temps une physionomie particulière.

En 1834, les chevaux de pur sang étaient bien connus en France, mais ils s'y trouvaient en petit nombre. Les individus désignés ainsi étaient, en général, des chevaux anglais de service, de chasse ou d'attelage importés à grands frais. La plupart n'étaient point employés à la reproduction.

L'expression de pur sang n'avait pas pour la masse des éleveurs une signification bien précise. Ils n'attribuaient point au sang une valeur absolue, indépendante de la forme, de l'étoffe. Pour eux, l'individu de cette catégorie était plus vite et peut-être plus beau qu'un autre, mais il ne devait avoir de mérite, comme reproducteur, qu'autant qu'il présentait certains rapports de volume, d'aptitudes, de besoins avec les femelles auxquelles il devait être allié, et la destination des produits avec les conditions du climat. L'idée que l'on pouvait, avec le pur sang souvent si mince, si grêle, améliorer une forte race, sans ôter beaucoup à celle-ci de sa taille et de sa masse, leur eût paru étrange.

La préférence que, sous la Restauration, la cour, les grands et le luxe manifestaient pour le cheval anglais, ne se rapportait, en réalité, qu'au cheval de service. Pour beaucoup de personnes, cette anglomanie n'avait aucunement trait à l'amélioration de nos races. Longtemps après, Mathieu de Dombasle s'élevait encore avec beaucoup de force contre le pur sang de toutes les provenances.

La doctrine du pur sang, telle qu'elle était formulée par l'administration, conduisait à considérer les chevaux de cette catégorie privilégiée comme les agents essentiels, indispensables de l'amélioration des races. A l'étalon appartient en effet le principe de l'énergie, de la vitalité; aux juments la conformation, le développement, la force corporelle et l'aptitude qui dépend de ces caractères.

Dans cet ordre d'idées, les étalons de sang ne devaient plus être, comme autrefois, répartis indistinctement. Au Pin, en Normandie, on devait poursuivre la reproduction de la race anglaise; à Pompadour, en Limousin, celle de la race arabe, ou la création d'un pur sang français anglo-arabe; à Rosières, en Lorraine, la régénération de la race de Deux-Ponts qui avait joui d'une certaine célébrité, et que les ducs avaient créée avec les races arabe et anglaise.

Naturellement, le choix des étalons à placer dans les dépôts appartenant aux circonscriptions de ces haras, devait se faire d'après les mêmes vues.

Le but de l'intervention se révèle dans cet aperçu. L'État veut, d'une part, produire des chevaux de tête, *naturaliser* en France la production du pur sang ; et, d'autre part, offrir aux possesseurs de poulinières, pour servir à l'amélioration, des étalons ayant tous du sang à un certain degré.

L'administration poursuivait donc, vis-à-vis la production, un but principal : elle voulait jeter dans les races le plus de sang possible, oriental ou anglais. Elle abandonnait entièrement aux particuliers l'industrie du cheval de trait ordinaire.

Les moyens d'action dont elle pouvait disposer étaient encore assez restreints. Les courses commençaient seulement à prendre de l'importance, à se multiplier, à entrer un peu dans nos mœurs. D'ailleurs le budget était trop faible pour subvenir à tout.

La théorie du pur sang ne pouvait être comprise de tout le monde ; elle était trop abstraite, et en même temps trop absolue pour ne pas soulever des objections, des répugnances, pour ne pas effaroucher nos éleveurs, de qui l'histoire hippique de la Grande-Bretagne est assez peu connue. Le gros des producteurs n'y entendait rien et ne voulait rien y entendre. Cette doctrine heurtait de front des idées, des habitudes anciennes, et paraissait vouloir, sans transition, changer radicalement l'industrie. La résistance durait depuis longtemps ; elle fut opiniâtre, et continue encore. Quand on indique à tous ce qui doit être fait pour le mieux, il faut supposer que chacun est en état de comprendre et d'exécuter. Or, ce n'était pas le cas de l'industrie chevaline à cette époque.

Il y avait erreur des deux côtés. L'éleveur français n'était pas préparé aux idées nouvelles qu'on voulait lui imposer. Il les croyait en opposition avec ses intérêts, et craignait de ne pas être suivi par la consommation. Le principe était fondé ; mais présenté ainsi brusquement et sous la forme la plus absolue , il effarouchait. De la part des hommes de l'administration il y avait défaut de sens pratique.

« La faute commise, dit M. Gayot, trouve son excuse dans l'inexpérience des uns et dans l'ignorance des autres ; dans l'impatience de la théorie et dans la résistance des vieux praticiens, plus routiniers que novateurs. Une simple déclaration de principes se produisant sous forme d'articles, dans une ordonnance, n'était pas un enseignement bien propre à changer subitement les idées, les goûts et les habitudes des éleveurs ; il aurait fallu préparer le terrain avec plus de soin, et ne point brusquer une semaille qui, pour porter des fruits abondants, ne devait être faite qu'en saison convenable. La théorie était en avance sur la pratique. Elle eût rendu des services plus complets et moins tardifs si, au préalable, on l'avait fait mieux comprendre à ceux qui devaient en généraliser l'application. L'enseignement a manqué, la lumière a fait défaut ; il a fallu attendre du temps un succès longtemps contesté, quand la réussite était certaine avec un peu plus d'art et de préparation (1). »

Toute mesure qui ne s'étend pas à la masse des intéressés est lente dans ses effets. Tel est le cas de l'intervention publique dans la production des chevaux. On va en juger.

Le nombre des chevaux de tout âge, de tout sexe que possède la France continentale est évalué à trois millions. La durée moyenne de la vie, chez les individus de l'espèce, étant fixée à dix ans, le renouvellement annuel doit porter sur trois cent mille têtes. Mais les trois cent mille naissances destinées à combler le déficit occasionné par la mort supposent, en bon calcul, au moins six cent mille poulinières employées à la reproduction ; car les non-valeurs résultant du défaut de fécon-

(1) Eug. Gayot, *Institutions hippiques*.

dation, des avortements, etc., représentent au moins 30 pour 100 dans l'industrie du cheval.

Or, six cent mille poulinières livrées à la reproduction exigent onze à douze mille producteurs mâles, à cinquante ou cinquante-cinq femelles pour chacun d'eux.

Les ressources de l'administration sont bien modiques, eu égard à cette nécessité. Elles se bornent à mille trois cents étalons nationaux environ, plus ou moins bien choisis, c'est-à-dire, le dixième à peu près du nombre des individus qu'un calcul modéré fait regarder comme étant employé chez nous à l'entretien de l'espèce.

Il n'est pas besoin de dire que les étalons auxquels revient la plus forte part dans la production sont, en très-grand nombre, des individus tarés, trop jeunes, épuisés, défectueux, ou des sujets très-communs.

On ne peut bien comprendre la situation respective du gouvernement et de l'industrie privée qu'en ayant ces chiffres sous les yeux.

Il est donc évident que la France manque de producteurs mâles propres à améliorer ses races, et qu'une administration qui veut intervenir doit porter ses vues de ce côté. Mais l'entretien des étalons de mérite coûte des soins et des frais; leur élevage ou leur achat ont exigé des dépenses quelquefois considérables, et leur utilisation, comme animaux de service, est souvent difficile; or, dans un pays où les possesseurs de juments font peu de sacrifices, la conservation des beaux étalons doit être presque toujours onéreuse.

Ce sont ces considérations qui ont engagé le gouvernement à offrir aux détenteurs d'étalons d'un mérite reconnu, des primes plus ou moins fortes, à la condition de consacrer ces animaux à la reproduction. C'est ce qui constitue l'institution des étalons approuvés et autorisés, sur laquelle je reviendrai plus loin.

Le gouvernement possédait dans ses établissements en 1834, neuf cent cinquante-un étalons nationaux, en 1847, mille deux cent quarante-cinq.

On constatait la situation suivante en 1852 :

Étalons anglais.	166
— arabes	82
— anglo-arabes	72
— de demi-sang, légers . .	334
— de demi-sang, carrossiers .	609
— de trait, améliorés . . .	61
— mulassiers.	11
Total des étalons nationaux . .	1,335
Etalons particuliers approuvés. . .	491
— départementaux mis en dépôt	
— dans les établissements de l'État	95
Total général.	1,921

Le nombre des poulinières livrées à ces étalons a dû atteindre quatre-vingt-dix mille. Celui des produits qui en sont sortis, environ quarante mille ou quarante-cinq mille : un peu plus du huitième de la production totale.

On se rappelle que le gouvernement se livrait, dans ses haras, à la production des chevaux de pur sang ou de demi-sang. Le nombre des juments et des poulains ou pouliches, toujours assez restreint d'ailleurs, se trouvait aux deux époques suivantes :

	1834	1847
Juments.	88	46
Poulains et pouliches . .	290	111

Cet élevage avait subi, comme ces chiffres l'indiquent, de fortes réductions au moment où éclatait la révolution de Février. Il a été supprimé depuis. On le blâmait, à tort ou à raison, comme onéreux à l'État, et constituant, pour l'industrie privée du cheval de sang, une sorte de concurrence contraire à la justice.

Le Pin a seul conservé le titre de haras, et quelques poulinières destinées à servir aux démonstrations réclamées par l'enseignement spécial créé dans cet établissement en 1840, sous le nom d'Ecole des haras, et qui a été supprimé par décret du 20 octobre 1852.

Le nombre des établissements de l'État se trouve maintenant fixé ainsi qu'il suit :

Haras	1
Dépôts d'étalons	23
Dépôts des remontes à Paris. .	1
Total	25

Peu d'institutions ont été plus attaquées que celles des haras. Chose singulière, tandis que bon nombre d'amateurs, d'éleveurs routiniers et de savants qui ont des systèmes à défendre, en font les critiques les plus passionnées, les conseils généraux des départements, les propriétaires réclament des stations d'étalons. Ce dernier fait n'étonne plus lorsqu'on songe combien, en France, il est passé en habitude de compter sur le gouvernement pour toutes les entreprises d'un intérêt national. Au reste, dans les questions complexes comme celle-ci, l'aspect des objets change selon le point de vue où on se trouve placé. Quand on est en face d'une nécessité à satisfaire, il faut bien se résoudre à agir, et le premier moyen qui se présente, s'il offre quelque facilité d'exécution, reçoit d'abord la préférence. Aussi, tout en blâmant les haras, leur demande-t-on de continuer leur action même au-delà de leurs ressources (1).

(1) La Prusse a établi son système d'intervention quelques années avant la suppression des haras en France. La Russie a maintenant une institution des haras sur le modèle de la nôtre.

Parmi les actes de l'intervention, il en est très-peu qui n'aient été le sujet de récriminations.

M. Huzard fils a blâmé la création des haras de tête, non parce que le but était mauvais en soi, mais parce qu'il est impossible à atteindre en France, avec la divergence d'opinions qui y règne, et les changements fréquents de personnes qu'on y observe.

Il ne juge pas avec moins de sévérité les dépôts d'étalons considérés comme moyens de créer des races nouvelles. Leurs résultats se bornent, suivant lui, à faire des métissages dont les premiers produits, souvent décousus, sont rebutés du cultivateur, et éloignés avec soin par lui de la reproduction, parce qu'ils ont des formes différentes de celles que le consommateur et le commerce sont habitués à trouver dans les animaux du pays. Le système des garde-étalons lui paraît préférable.

Huzard père blâmait l'emploi des métis mâles comme régénérateurs de races communes. Et son opinion a été partagée par d'autres hippologues.

M. Yvart, dans la *Maison rustique*, attribue la variété inutile de nos races équestres, à ce que l'administration a placé dans les mêmes dépôts, pendant longtemps, des chevaux de toute figure et de toute race, d'où sont résultés des mélanges sans suite et sans but.

Les départements eux-mêmes ont accusé l'insuffisance des ressources de l'État, et surtout se sont plaints de ne pas avoir à leur disposition des étalons de trait d'un bon choix.

M. de Guiche trouve que les plaintes élevées sur l'insuffisance des dépôts se justifient par la manière dont ils sont composés. Aussi, conséquent à son opinion, et sans s'embarrasser en aucune façon de la question financière, il déroule avec complaisance un plan d'après lequel l'État devrait posséder *dix mille* étalons, dont six mille six cent soixante-sept de pur sang et trois mille trois cent trente-trois de gros trait.

On ne saurait nier que l'industrie chevaline ne fasse en France des progrès sensibles. L'administration des haras est disposée à s'en attribuer l'honneur ; c'est tout simple. M. Huzard fils ne juge pas ainsi : « Si, dit-il, on fait attention que la consommation des chevaux de toute espèce est devenue bien plus étendue en France, que le prix des chevaux de luxe a beaucoup augmenté, et que tel cheval qu'on achetait 1,500 fr. à Paris en 1814, se vend actuellement 3,000 fr., on en conclura peut-être que la multiplication plus grande des chevaux a été bien lente, et loin encore d'être proportionnée aux autres progrès qu'ont faits les diverses branches de l'économie rurale. C'est donc bien à tort qu'on attribuerait aux institutions actuelles le peu de bien qui s'est fait.

« Quand j'ai commencé à étudier les moyens d'améliorer et de multiplier les races de chevaux, j'étais certainement loin de penser que j'arriverais aux conclusions que je viens d'émettre. Élevé dans l'idée que les haras, les dépôts d'étalons, les primes, etc., étaient des institutions très-avantageuses à l'agriculture, j'aurais considéré comme une erreur de regarder cette idée comme non basée ; il a fallu pour m'amener à une autre manière de penser, que des voyages en France et dans les pays étrangers, entrepris pour étudier les diverses institutions, me fissent voir d'abord leurs vices, et ensuite m'amenassent à douter de leur utilité (1). »

C'est juger un peu sévèrement, à mon avis. On sent dans ces quelques mots le reflet des impressions que leur auteur a dû éprouver dans ses voyages en Angleterre et en Allemagne, où il a pu voir, là, une industrie privée très-puissante créer et entretenir seule plusieurs belles races, sans réclamer l'intervention de l'État ; ici, plusieurs gouvernements donnant au pays de précieux exemples, et des nations que caractérise presque également l'amour du cheval, arriver presque sans efforts à

(1) Huzard, *Des haras domestiques et des haras de l'État.*

des résultats économiques remarquables, et suffire à la consommation intérieure et à une exportation qui est pour elles une source de richesses. Mais les observations comparatives de M. Huzard remontent déjà à quelques années, et peut-être aujourd'hui modifierait-il en quelque chose son opinion.

Les plaintes les plus vives contre le mode d'intervention de l'État sont venues de l'armée.

On dit avec raison que la France est une nation à la fois agricole, militaire et commerçante qui ne doit dépendre de ses voisins pour aucun des objets que son sol peut produire.

Or, le cheval de troupe est un objet d'utilité première. Rester, pour ce qui le concerne, tributaire des nations voisines, c'est compromettre la sûreté et les intérêts du pays. La France, moins que toute autre nation, peut négliger ce côté de la production. Elle est d'ailleurs éminemment propre à l'élevage des chevaux, par l'étendue et la variété de son climat et de son sol, l'abondance et la fertilité de ses pâturages. Des Pyrénées à la Manche, de l'Océan au Rhin, elle possède des chevaux de toute taille et de tout service. L'éducation s'y est faite autrefois avec succès; ses races, ses manéges ont joui dans le temps d'une réputation et d'une supériorité incontestées. D'ailleurs, les bons chevaux peuvent se faire partout où il y a de bons fourrages, des étalons et des poulinières de valeur.

Ce n'est point par le nombre des chevaux que la France pèche; ils ne lui ont jamais guère manqué. Elle jouit même encore aujourd'hui, pour la production des catégories de trait, d'une prééminence qu'on se plaît à lui reconnaître.

Qu'est-ce donc qui s'oppose à ce que la France reprenne pour le cheval léger, sinon le rang exceptionnel qu'elle a tenu longtemps, du moins une place honorable? Comment se fait-il qu'elle suffise difficilement à la remonte de sa cavalerie, et qu'elle soit encore obligée de s'adresser, de temps en temps, à l'étranger? J'essaierai de répondre à ces observations.

La France, en fait de chevaux, ne voit pas en grand. Elle lésine un peu, et ne veut pas payer nos bonnes productions ce qu'elles coûtent à faire. Les goûts équestres, comme le dit Préseau de Dompierre, y sont souvent sans rapport avec le bien général et avec l'État lui-même. Les belles races s'entretenaient autrefois dans de vastes établissements aujourd'hui supprimés. Nous n'avons plus ou presque plus d'équipages de chasse. Nos routes longtemps mauvaises, nos véhicules grossièrement confectionnés nous ont habitués aux chevaux lourds et communs. Dans le fait, le cheval de luxe et de guerre est encore pour notre patrie, au point de vue de la consommation, une sorte d'exception. Les races de trait n'y sont si cultivées que parce qu'elles sont, en réalité, l'expression d'un besoin général. Et puis, elles sont plus faciles à produire, et donnent des bénéfices plus assurés. Qu'est-ce donc, dans une production annuelle de plus de trois cent mille chevaux, que quelques milliers de sujets réclamés annuellement par l'armée et par le luxe, si surtout ces animaux sont payés un prix qui dépasse à peine les frais qu'ils ont coûté ?

Les causes qui provoquaient sous l'Empire la multiplication et l'amélioration des chevaux de trait existent encore à présent. Elles se sont même accrues par suite des progrès de l'agriculture, progrès qui ont permis de nourrir plus abondamment les animaux. Il est certain que l'extension des voies de fer, le besoin de plus en plus pressant des communications rapides, va tendre désormais à changer le caractère de la production générale; mais jusqu'alors leurs effets ont encore été peu sensibles.

Des chevaux légers ou moyens que la France fournit maintenant, les uns, dit-on, sont trop communs, d'autres trop fins et trop irritables, d'autres enfin manquent de taille et de formes. Au point de vue du service de l'armée, ces propositions sont très-discutables. Et d'abord, s'entend-on bien sur les qualités que doit présenter le cheval de guerre ?

Pour ceux qui placent avant tout la finesse, la rapidité, le brillant et la grâce, les circonscriptions du centre et des Pyrénées fournissent cette espèce légère que l'on réclame. Mais pour ceux qui recherchent surtout la solidité, la docilité, le fond, la rusticité, ce n'est pas aux races frappées de la manière la plus appréciable par le pur sang qu'il faut les demander.

La vérité se trouve-t-elle dans ces opinions exclusives? Pour répondre à cette question, il me paraît nécessaire de tracer les caractères que doit réunir le bon cheval de cavalerie. Il doit avoir l'étoffe proportionnée à sa taille, de la docilité, de la souplesse, de la force de résistance, de la sobriété, de la vigueur et une aptitude à la vitesse plus grande à mesure que diminue le poids qu'il doit porter.

Est-ce là une production spéciale? non, mais tout sujet qui s'éloignera de ce modèle perdra de son aptitude une quantité quelconque. Un animal ne fait bien son service, ne remplit parfaitement sa destination qu'à la condition d'être approprié.

Le modèle que je viens de tracer, dans les catégories légère et moyenne, nous manque. Cependant il y a eu progrès. La France est généralement mieux pourvue de sujets plus grands et plus volumineux, qui sont d'ailleurs moins réclamés. La Normandie et le Poitou sont, pour cette dernière sorte, une pépinière fertile et à peu près suffisante.

Il suffit de jeter un coup d'œil sur nos régiments de cavalerie pour se convaincre de ces vérités. Mais devons-nous compter, pour remonter nos régiments, sur les individus que rebute le luxe en France, où celui-ci a déjà si peu de choix? Question brûlante, pleine de difficultés, que la théorie résout dans un sens négatif, et sur laquelle la pratique n'a pas encore prononcé. En effet, les chevaux fins ont un prix trop élevé en France, le luxe s'y recrute trop peu, ils y sont encore trop rares, et enfin il faut les emprunter en partie à des races nouvelles ou en voie de formation.

Je crois cependant devoir dire mon opinion sur ce sujet. Il me semble que la production du cheval de cavalerie devrait avoir pour base une bonne race indigène, homogène autant que possible. Le cheval de guerre doit être fils d'une bonne et solide poulinière, et avoir pour père un cheval de plus ou moins de sang, mais d'une forte construction relative, dont le degré dans l'échelle du sang ne soit jamais inférieur à celui de la mère.

Ce cheval peut avoir moins de distinction et d'élégance que celui que réclame le luxe, mais il ne doit rien lui céder en force, en solidité, en vigueur. Il ne saurait donc être le rebut de celui-ci. Ce sont deux productions voisines, mais parallèles.

Cette situation de la France, un peu précaire, pour ce qui concerne la production du cheval de cavalerie, qui accuse une infériorité regrettable, quand on la compare à celle de l'Angleterre et surtout de l'Allemagne, s'explique par la dissimilitude des circonstances dans lesquelles s'exerce l'industrie dans ces contrées. « La culture du cheval moyen est générale en Allemagne. Elle ressort en quelque sorte de tous les besoins, de toutes les habitudes, de toutes les circonstances de production et de consommation ; elle est adoptée, suivie sans efforts, sans dérangement, sans nuire à aucune autre. Elle donne tout naturellement ses produits, qui ne sont point l'objet d'une spéculation à part ; elle entre enfin dans les opérations ordinaires de la ferme. A cet avantage s'en joint un autre, résultant des conditions mêmes que nous venons d'énumérer, celui d'un prix de revient beaucoup moins élevé qu'en France, et des habitudes de travail que contractent nécessairement, en bas âge, des chevaux dont la nature, le caractère et la force sont en rapport avec la somme d'efforts imposée au cheval en Allemagne (1). »

A ces résultats on peut assigner les causes suivantes : En

(1) Huzard, *Des Haras domestiques et des Haras de l'État.*

Allemagne, les propriétaires du sol ont intérêt à produire et à élever des chevaux. La terre se prête admirablement à la formation des prairies permanentes; en beaucoup d'endroits les propriétés sont vastes, la population peu pressée, et, par cela même, la culture perfectionnée, inconnue ou impossible; les frais d'exploitation sont très-réduits; et si l'on joint à cela une consommation active et les sollicitations incessantes du commerce d'exportation, on saisira de suite toutes les causes de la prospérité que je signale.

L'Angleterre nous fournit moins de chevaux de service que l'Allemagne, parce qu'ils y sont plus chers. Mais elle a tout le monde civilisé pour tributaire, et sa consommation intérieure est immense. Les circonstances qui y maintiennent dans un état florissant l'industrie du cheval de selle sont autres, pour la plupart, que celles que je viens d'énumérer pour l'Allemagne; toutefois elles aboutissent à des résultats analogues que j'indiquerai plus tard.

Ainsi s'explique, pour qui veut réfléchir et comprendre, la situation équestre des trois contrées les plus avancées dans les voies de la civilisation et de l'industrie. Des causes analogues à celles qui font que, dans deux d'entre elles, le cheval léger, le cheval de selle prospère et se perfectionne, ont rendu prédominantes en France la production et l'amélioration du cheval de trait.

La guerre, qui a critiqué si sévèrement les actes de l'administration civile, et qui aurait voulu que tous les efforts de l'intervention se tournassent du côté de l'industrie du cheval de troupe, a-t-elle été toujours elle-même exempte de reproches? L'insistance qu'elle a mise à remonter à l'étranger une partie de la cavalerie, sous prétexte d'insuffisance, ne la condamne-t-elle pas?

Les contrées de production et d'élevage se sont toujours élevées contre les primes offertes aux industries anglaise et allemande, au détriment des intérêts de notre agriculture, pour des productions souvent inférieures aux nôtres.

Mais ce n'est point encore le seul grief qu'ait fait entendre la production indigène.

Tandis que les éleveurs étrangers, les fournisseurs, les maquignons font des bénéfices immenses, le cultivateur offre vainement des produits qu'il a obtenus à grands frais, qui lui restent à charge, ou qu'on lui paie mal si on les achète.

La consommation de l'armée, faible d'une manière absolue, n'est point uniforme. Bien souvent des chevaux capables, élevés en vue de ses besoins, restent entre les mains de leurs propriétaires, parce que l'armée ne fait point d'achats.

Enfin, ne peut-on se demander si la manière dont les remontes se font chez nous, ne portent pas quelquefois le découragement dans l'industrie?

Je me suis contenté de signaler et de définir le système d'amélioration adopté par le gouvernement français depuis 1834. Avant de l'exposer plus en détail pour en faire mieux connaître les tendances et les moyens, j'ai voulu préciser l'état matériel et, pour ainsi dire, moral de l'industrie chevaline. Ainsi préparé, le sujet se prêtera mieux à une discussion sérieuse.

J'emprunterai l'exposition abrégée de ce système à M. Gayot qui, pendant plusieurs années, comme directeur de haras ou inspecteur général, en a poursuivi l'exécution avec un remarquable talent.

« Le pur sang, dit M. Gayot, est l'agent essentiel, indispensable de l'amélioration des races; il a sur leur régénération une action immédiate, une influence précieuse que l'expérience et les résultats séculaires des Anglais ne permettent pas de contester.

« Les races les plus parfaites ont été dans tous les temps et sont encore celles qui ont le plus d'affinité avec le cheval arabe, resté pur de toute souillure et conservé dans toute sa perfection native.

« Le cheval de pur sang anglais n'est autre que le cheval de pur sang arabe, grandi et développé sous l'influence d'agents producteurs plus abondants et plus substantiels, maintenu dans la pureté de son extraction par les soins qui ont toujours présidé à sa conservation, libre de toute mésalliance.

« Si l'étalon de pur sang est l'élément régénérateur par excellence, la jument détermine particulièrement le genre de cheval à produire, le modèle sous lequel doit se rencontrer telle ou telle aptitude spéciale.

« Le principe de l'énergie, de la vitalité et de la distinction du produit, appartient plus au mâle; les formes, dans leur ensemble et leur disposition, la force corporelle, la conformation générale et spéciale, tout ce qui fait qu'un cheval peut devenir propre à tel ou tel usage, sont plutôt le partage de la femelle. Une hygiène appropriée, une éducation rationnelle assurent, fixent ces influences diverses et permettent, par d'heureuses alliances, par le mariage bien compris des sexes, de réaliser des améliorations nouvelles et d'obtenir les chevaux de tous les besoins.

« Enfin, plus une race s'éloigne du pur sang (dans les veines de toutes peut couler une dose de pur sang très-variable), et moins elle a de valeur, plus vite elle dégénère (1).

Cette doctrine du pur sang n'est pas nouvelle, nous l'avons empruntée des Anglais, comme nous en avons un jour emprunté le régime constitutionnel, sans la bien connaître, sans être capables d'en faire une bonne application.

J'ai dit, au commencement de ce travail, ce que l'on doit entendre, en bonne hippologie, par pur sang; je n'y reviendrai pas ici. Le seul énoncé de la doctrine établit l'existence de races privilégiées ayant les caractères du pur sang; avant de la discuter, il me paraît utile de rechercher quelles sont ces races.

(1) Eug. Gayot, *Institutions hippiques*.

La question a été fort controversée, et les hippologues ne paraissent pas s'être entendus encore. Pour les uns, la race arabe, sans mélange, mérite seule la qualification de pur sang. Pour d'autres, le privilége attaché à la pureté du sang reviendrait exclusivement à la race anglaise de course. Enfin, la plupart des hippologues, et je suis de leur parti, placent sur la même ligne les familles orientales pures, et celles de l'Europe qui en descendent d'une manière directe. Je vais examiner succinctement les titres nobiliaires de chacun de ces groupes.

L'origine précise de la race arabe actuelle nous est inconnue. Sans doute elle vient de l'Egypte, ou de la Cappadoce, ou de la Mésopotamie, d'où l'Arabie tirait autrefois ses chevaux (1). Son existence remonte certainement à vingt-cinq ou trente siècles, et depuis lors elle ne paraît pas s'être modifiée sensiblement. Les Arabes eux-mêmes sont divisés sur ce point. Les uns affirment imperturbablement que leurs chevaux descendent en ligne droite des haras de Salomon, fameux encore aujourd'hui dans les fastes du sport oriental ; d'autres lui donnent pour père un étalon célèbre dans les légendes nationales ; les plus modestes, enfin, commencent leur généalogie hippique par les noms sacrés des cinq cavales de Mahomet.

Je ne sais au juste ce que nous devons en penser. Il n'est pas douteux, toutefois, qu'aucune autre race ne pourrait présenter des titres aussi anciens de noblesse, et citer une aussi longue suite d'aïeux.

« C'est au centre de l'Asie, dans la zone torride, trône du soleil, que s'épanouissent les fleurs les plus brillantes, que

(1) Salomon dit dans le *Cantique des Cantiques* : « O vous qui êtes ma bien aimée, je vous compare à la beauté de mes cavales, attelées aux chars de Pharaon. » Salomon avait épousé la fille du roi d'Egypte, et pouvait avoir reçu de celui-ci des chars et des chevaux. On prétend qu'il faisait venir d'Egypte ses étalons les plus précieux, et qu'il les payait depuis 150 jusqu'à 600 sicles par tête, 8,000 fr. à 31,000 fr. de notre monnaie.

s'exhalent les parfums les plus odorants, que mûrissent les fruits les plus savoureux, que naissent les chevaux les plus parfaits. Concitoyen du musc de Koten, de la perle d'Omus, de l'or et des diamants de Golconde, des brillantes couleurs qui scintillent sur les soieries et les laines orientales, des douces toisons des chèvres d'Angora, des aigrettes flottantes de l'autruche et de l'éclatant plumage du paon de Java, le cheval arabe est, au milieu de ces merveilles, la plus précieuse et la plus célèbre de toutes.

« Le cheval était un besoin pour l'Arabe. Né sur un sol ingrat, sous un soleil brûlant, il prit de bonne heure le goût des migrations et des conquêtes. Le cheval et le chameau devinrent ses compagnons, ses richesses et sa gloire. Avec l'un il traversait les déserts qui conduit de l'Inde à l'Éthiopie, et rattache le golfe Persique à la Méditerranée; avec l'autre, il subjugua les peuples répandus depuis les bords du Nil jusqu'aux vallées de l'Atlas, depuis les rives de l'Euphrate jusqu'à celles de l'Eurotas. De là, il menaça le monde entier (1). »

Toutes les races orientales qui reçoivent l'épithète générique d'arabes ne se sont point conservées également pures, également distinguées. Quelques-unes se sont altérées sous l'influence de mauvaises conditions hygiéniques, par suite du défaut de soins ou par des alliances indignes. En Syrie on trouve, comme en Europe, des chevaux de pur sang, et des animaux relativement communs.

La race arabe a pris beaucoup d'extension; nous n'en possédons en France aucune bonne histoire. Les voyageurs ne sont d'accord ni sur le nom, ni sur l'habitation des principales familles. Les bords de l'Euphrate, entre Bagdad et Bassora, la Perse, le Nedjd, l'Yémen et l'Abyssinie, paraissent être en possession des meilleures. Chaque race principale a en outre ses variétés grandes ou petites, selon les lieux, précieuses ou

(1) Houël, *Histoire du cheval.*

médiocres selon les soins donnés à sa conservation. Les tribus qui sont en possession des meilleures y attachent un très-grand prix ; elles en conservent la généalogie, et n'en permettent que difficilement l'exportation.

On retrouve la race arabe plus ou moins pure dans la Barbarie. Le cheval barbe jouissait autrefois d'une haute réputation. Nos pères disaient, avec plus d'énergie que de vérité, qu'il mourait mais ne vieillissait pas.

Le cheval arabe qui n'a point été dégradé par des mésalliances ou par un mauvais régime, se distingue par un ensemble de qualités qui en font un des êtres les plus parfaits de la création et comme le modèle du beau. Élégance des formes et harmonie des proportions, intelligence, docilité, éducabilité, énergie, vigueur, force, courage, souplesse, sobriété, puissance vitale, il possède tout ce que nous admirons dans l'espèce. Les Arabes, dans leur langage figuré, lui donnent le nom de *navire du désert*.

D'où lui vient ce glorieux partage? Descend-il en effet du cheval de la création, en ligne directe et sans interruption? L'Arabie est-elle le pays le plus propre à la conservation des caractères du type primitif? Trouve-t-il sous le ciel brûlant du désert, dans la tente de l'arabe, l'air et le régime qui conviennent le mieux à sa riche et puissante organisation? ou bien enfin, près du berceau du monde, dans les campagnes de la Syrie, aux bords de l'Euphrate, respire-t-il encore comme un parfum de l'Eden ?

Quoi qu'il en soit, nous le considérons comme le cheval père, comme la souche de toutes les autres races équestres, et quand on veut donner à celles-ci une origine illustre, on les fait descendre directement de lui.

Mais ses qualités exceptionnelles se conservent-elles hors de sa patrie ? Retrouve-t-on le cheval arabe de pur sang ailleurs que dans l'Orient ? Arraché au désert, à sa vie nomade, et transporté dans les champs civilisés de l'Europe, dégénère-t-il, perd-il les marques de sa brillante origine? Peut-il encore transmettre à ses descendants sa conformation, ses aptitudes?

A cet égard, les avis sont partagés. Pour beaucoup d'hippologues, toutes les races pures de l'Orient, descendant de la famille arabe, qu'elles habitent la Syrie, l'Abyssinie, l'Égypte, la Perse, la Russie d'Asie ou ailleurs encore, seraient du pur sang.

Enfin, le cheval de l'Orient se retrouverait modifié et approprié à un nouveau climat, mais avec le cachet de ses formes, avec son énergie, sa vigueur incomparable, dans la race anglaise de course. Dans le coureur rapide de l'hippodrome on reconnaît le coursier du désert.

Les Anglais croient sincèrement à la pureté de leur race de chevaux de course. Ils la font remonter en ligne directe à des reproducteurs, mâles et femelles, de l'Orient. Le calendrier des courses, le registre des courses, le général Stud-Book, en font foi.

L'origine de la race anglaise de course est évidemment orientale. Mais le cheval arabe pur a-t-il seul concouru à sa formation? Les andalous, les barbes, les turcs introduits à l'époque de la conquête par Guillaume-le-Bâtard, ou après lui par les barons normands et d'autres, y ont-ils contribué pour une part quelconque?

Au temps d'Élisabeth, la Grande-Bretagne était encore assez pauvre en chevaux. Henri IV envoya à cette reine quarante étalons normands en échange d'une compagnie d'écossais. Avant le XVIIe siècle, c'étaient les andalous et les barbes qui brillaient sur les hippodromes.

Grognier dit que les anciens chevaux anglais, représentés par des statues, des bas-reliefs, des gravures, étaient gros, pesants, à pieds larges et chargés de crins grossiers : c'était l'empreinte du climat (1).

(1) S'il est vrai qu'au temps de Jules César les chevaux de l'Angleterre étaient nom-

Il est certain que des croisements nombreux de la jument indigène ou déjà améliorée avec les étalons orientaux, avaient eu lieu aux époques dont nous parlons; que des étalons arabes importés en plus grand nombre dès le règne de Jacques Ier ont également été employés au perfectionnement des races anglaises existant alors. Les produits de ces alliances, à un degré quelconque, ont-ils, dans la suite, contribué à l'établissement définitif de la race dite de pur sang? On ne le croit pas.

Une ligne de démarcation devrait donc être tirée entre le passé et le présent, et placée dans la seconde moitié du XVIIe siècle, sous le règne de Charles II, et correspondant à l'époque de l'introduction en Angleterre, par les soins de ce prince, d'étalons et de juments arabes achetés en Arabie et dans l'Asie mineure. Ce sont ces chevaux, ces juments royales (royal mares) qui seraient la souche de la race de course; et leur sang se serait perpétué jusqu'aujourd'hui sans mélange.

M. Huzard fils a contesté cette descendance directe et non interrompue des coureurs actuels. Il prétend qu'en remontant à l'origine de quelques-unes des familles les plus renommées par le grand nombre de vainqueurs qu'elles ont fourni au sport, on aboutit souvent à une inconnue, à une poulinière non tracée, métisse, commune peut-être. Mais son opinion a été vivement combattue, en Angleterre, par Lawrence et presque tous les écrivains hippiques; en Allemagne, par de Weltheim, Burgsdorf, duc de Schleswig-Holstein, etc.; en France, par MM. d'Aure, duc de Guiche, etc. Et définitivement, la race anglaise de course a été admise à partager avec les races arabes restées sans mélange la qualification de pur sang.

On a même été plus loin. La société du Jockey-Club de Paris a énoncé et soutenu la proposition que les seuls indivi-

breux et estimés à Rome, il faut admettre que les guerres qui se sont succédé sans interruption jusqu'à l'établissement définitif de la dynastie normande ont avili et détruit les races.

dus dont la généalogie se trouve constatée au Studbock anglais étaient de pur sang, et pouvaient prétendre à la régénération des races abâtardies.

Cette dernière opinion ne me paraît pas soutenable. Car elle subordonne à une aptitude, non pas créée mais développée en Europe, et conséquemment susceptible de variations, un classement qui doit reposer sur l'ensemble des caractères; elle place le fait au-dessus du principe, et refuse aux familles pures de l'Orient un titre de noblesse que la race moderne ne possède précisément que parce qu'elle en descend. Or, cela implique contradiction.

M. Gayot soutient depuis longtemps l'opinion mixte qui regarde la qualification de pur sang comme applicable à la race arabe pure et aux familles qui en proviennent directement, sans mésalliance, quel que soit le lieu où elles vivent. Il l'a exprimée en plusieurs endroits de ses écrits; nous la trouvons nettement résumée dans les citations suivantes empruntées au tome Ier de ses *Études hippologiques*.

« Il y a en Arabie, dit-il, plusieurs familles équestres de pur sang, cela est incontestable. Il y a en Europe, cela n'est pas moins évident, plusieurs familles issues des premières directement et sans mélange, et qui dès lors sont également de pur sang. Le lieu de la naissance importe peu . . . . »

Et plus loin : « Les chevaux méritent la qualification de pur sang lorsqu'ils appartiennent aux familles qui se sont conservées pures en Arabie, en Barbarie, en Turquie, en Perse; ils sont encore de pur sang lorsque, nés en Europe des races orientales pures, ils ont été préservés, dans leur descendance directe, de tout mélange avec des races détériorées (1). »

Cette déclaration n'a pas besoin de commentaires. Partout où l'on alliera entre eux les reproducteurs appartenant à une famille orientale pure ou en descendant sans altération, on

(1) Gayot, *Études hippologiques*.

obtiendra du pur sang. C'est ce que l'Angleterre fait depuis à peu près deux siècles. Mais l'Angleterre, en persévérant dans cette direction, a créé une race définie. La France, qui a tenté, à Pompadour, l'établissement d'une famille anglo-arabe, ne possède encore qu'une petite colonie. De la persévérance dans les accouplements commencés donnerait nécessairement naissance à une véritable race qui ne serait ni l'arabe, ni l'anglaise, parce que le climat, le régime, le mode d'élevage lui imprimeraient quelques caractères particuliers qui se fixeraient définitivement; ce serait une race qui, en langage exact, mériterait le nom de pur sang français.

La pensée d'utiliser le pur sang comme régénérateur des races équestres de l'Europe ne date pas de 1834. Nous la voyons très-positivement exprimée dans plusieurs écrits antérieurs au XIXe siècle.

Lafont-Pouloti regardait la race arabe comme la plus pure de toutes, comme la souche des autres et la plus précieuse de celles auxquelles on pouvait recourir pour obtenir des améliorations.

Hartmann la plaçait également en première ligne.

Bourgelat, qui s'était si gravement trompé dans la question des croisements, croyait que nous pourrions obtenir en France, par un bon emploi des étalons arabes, plus de résultats qu'en Angleterre même, où le climat est certainement moins propre à l'éducation des chevaux nobles.

Préseau de Dompierre n'hésite pas à dire qu'il n'y a dans tout l'univers qu'une seule race pure, la race arabe, et qu'elle est le seul germe de toutes celles que l'on veut perfectionner. Les meilleurs chevaux, dans quelque genre que ce soit, dit-il, seront toujours ceux qui auront reçu dans leurs veines une plus grande quantité de sang arabe, parce qu'il est le premier cheval de l'univers, le cheval de la nature. Il est comme une source toujours restée pure pour y régénérer les races abâtardies.

L'expression de pur sang n'avait pas au XVIIIe siècle le sens absolu que nous lui donnons aujourd'hui. C'est au cheval oriental seul que l'on remontait pour réaliser les derniers perfectionnements. La race anglaise était bien loin d'avoir la réputation dont elle jouit maintenant. Tout prouve au contraire qu'elle ne jouissait pas de l'estime des écuyers.

D'ailleurs, elle n'était encore guère connue de ce côté du détroit que par quelques sujets de course et un certain nombre d'animaux de service qu'elle nous avait envoyés. Cette imitation des mœurs anglaises, cette espèce d'anglomanie qui se manifestait à cette époque et que j'ai signalée, était limitée à quelques grands seigneurs, qu'un peu d'esprit d'opposition, l'appétit du régime constitutionnel et la philosophie sensualiste avaient rendus les partisans de la Grande-Bretagne.

Buffon, dont l'opinion pesait beaucoup dans la balance, avait écrit : Les plus beaux chevaux anglais, sont pour la conformation, assez semblables aux arabes et aux barbes dont ils sortent. Ils sont généralement forts, vigoureux, hardis, capables d'une grande fatigue, excellents pour la chasse et la course ; mais il leur manque la grâce et la souplesse ; ils sont durs de bouche, et ont peu de liberté dans les épaules.

On répétait partout en France que les chevaux anglais ne valaient rien pour le service de la cavalerie ; qu'on n'en pourrait voir de plus mauvais dans une action, et que ceux qui avaient été pris à Fontenoy et à Laufeld, n'ayant pu être utilisés chez nous, avaient été vendus à bas prix.

Selon Lafont-Pouloti, nous ne devions pas compter sur les chevaux anglais pour améliorer nos races, et Préseau de Dompierre les plaçait beaucoup au-dessous des arabes et des barbes pour les croisements. Enfin, ils passaient en France pour avoir gâté la race normande et lui avoir fait perdre de la solidité, de la souplesse, et l'avoir rendue dure d'épaules et forte de bouche.

Hartmann, non moins sévère que les auteurs que je viens de citer, avait déjà dit que bien que les étalons anglais descendissent de chevaux arabes et barbes, il n'en provenait néanmoins, communément, en Allemagne, que des poulains qui ne valaient guère mieux que les poulains du pays, et que leurs descendants y dégénéraient plus vite que ceux des autres races étrangères.

Supposons que les reproches s'adressassent non à des chevaux de pur sang, qui étaient et qui sont encore aujourd'hui rares en France, mais à des étalons anglais de sang d'une catégorie quelconque; il n'en est pas moins vrai que ces opinions répandues chez nous prévenaient les éleveurs contre les reproducteurs de cette race. Les préventions ne se sont effacées que lentement. Huzard père, après avoir dit, en 1802, que le tableau du cheval anglais tracé par Buffon était exact, complétait sa pensée en 1818, en ajoutant que les chevaux de course perdaient de leur mérite, et que nous n'avions que peu ou point de secours à en espérer pour l'amélioration de nos races.

La situation a-t-elle beaucoup changé depuis? L'agronome de Roville a laissé des imitateurs qui réclament comme lui l'amélioration de nos races par elles-mêmes, à l'aide d'une bonne sélection; qui croient à la puissance absolue du régime et du mode d'éducation sur les aptitudes et sur les qualités d'une race, et qui redoutent pour nos chevaux l'alliance avec des individus dont tout le mérite, pour des observateurs superficiels, paraît résider dans une vitesse exagérée.

D'autres, sans nier la valeur des sujets de pur sang comme reproducteurs, considérant la difficulté de se procurer de beaux étalons arabes, et les défauts réels du cheval anglais d'hippodrome examiné au point de vue du service, voudraient que la France refît le travail de la Grande-Bretagne, et créât à l'aide des reproducteurs orientaux un pur sang français qui, adapté à nos conditions climatériques, serait ensuite bien plus propre à croiser nos races communes.

Enfin, les hommes prudents, timorés, qui craignent les expériences, qui ne veulent pas faire courir d'aventure à notre industrie, et voir frapper nos races à faux, sous prétexte de régénération, restent attachés à l'ancien système d'amélioration proclamé et tenté en 1806, qui consiste, nous l'avons dit, à relever d'abord nos races par de bons appareillements, par de bonnes méthodes d'élevage et un régime approprié, avant de les livrer au pur sang.

Mais, hâtons-nous de le dire, l'opinion se modifie; la doctrine du pur sang gagne chaque jour du terrain et se dégage peu à peu des vagues discussions soulevées par l'interminable question des haras. Elle est hardiment posée comme une condition de salut. Les luttes de l'hippodrome sont regardées par un plus grand nombre de personnes comme le criterium de la force et de la puissance pour les reproducteurs dans les races légères. Il est évident que la France est dans la véritable voie et qu'elle possède la méthode. Je rechercherai bientôt si elle sait l'utiliser, si même elle a les moyens d'en faire une bonne application.

Des Encouragements.

On a dit souvent que les chevaux étaient la première richesse mobilière d'un pays. Chaque nation a donc le plus grand intérêt à produire ceux dont elle a besoin. D'ailleurs, il est admis, en économie politique, que l'on ne doit aller chercher chez les autres que ce que l'on ne peut obtenir chez soi. La France, dont le climat est si propre à la production du cheval, doit-elle se résoudre à rester toujours tributaire de ses voisins, à négliger ainsi le soin de sa propre sûreté? Ses efforts pour sortir de la situation que lui ont faite les événements, prouvent que telle n'est point sa pensée.

L'industrie privée, sans être totalement impuissante à faire le bien, le réalise lentement. En France, où le cheval est vu comme une chose utile, non comme devant faire l'objet d'un commerce national, elle s'exerce dans des conditions trop peu favorables, elle produit à un prix trop élevé pour que le gouvernement l'abandonne à ses propres ressources.

Mais il ne saurait, dans aucun cas, se substituer à elle. Son rôle doit se borner à la diriger, à mettre à sa disposition des étalons de choix, à veiller à ce que les races ne dégénèrent pas, à assurer les remontes de l'armée. Il doit lui venir en aide, la solliciter, la soutenir, l'encourager en un mot.

Tout le monde n'est pas également persuadé de la nécessité et de l'efficacité des encouragements offerts à l'industrie chevaline. On oppose à ce qui se pratique en France l'exemple de l'Angleterre, où il n'y a ni dépôt d'étalons, ni administration des haras; où l'industrie privée, libre de suggestions, livrée à elle-même, améliore et conserve, sans autre stimulant que la consommation. Cela n'est pas plus raisonnable que de vouloir faire de nous des Anglais, en dépit de la différence des mœurs, du caractère national, des traditions, etc.

Il n'y a pas de similitude, il n'y a pas de comparaison à établir entre la France et la Grande-Bretagne, sous le rapport de la production équestre. L'Angleterre possède chez elle, et dans une certaine proportion, l'élément de régénération qui nous manque, et que nous ne pouvons nous procurer qu'à grands frais. Ses races ont reçu, pour la plupart, des améliorations, et elles ne présentent pas autant de diversité que les nôtres. Depuis deux cents ans, les procédés de perfectionnement que nous conseillons à nos éleveurs y sont mis en pratique et poursuivis avec une persévérance toute britannique. Là, l'amour du beau cheval, la science de l'éducation se transmettent et se conservent de père en fils comme un héritage de famille; des fortunes particulières immenses s'y mettent en quelque sorte au service d'un intérêt public; des sommes considérables sont consacrées à l'achat d'un étalon précieux, d'une bonne poulinière ; on paye des prix énormes la saillie d'un reproducteur en renom. L'orgueil national trouve une vive satisfaction dans le sentiment de cette supériorité, et provoque des sacrifices dont le pays entier profite ; et le noble lord, si fier d'ailleurs, ne dédaigne pas de descendre, lorsqu'il s'agit de l'élève des chevaux, aux derniers détails de l'opération. Dans de telles circonstances, à quoi bon des encouragements toujours restreints du reste ? la production n'est-elle pas suffisamment sollicitée par les primes que lui offrent depuis longtemps les deux mondes, dans l'achat de chevaux de service et de reproducteurs, toujours à des prix élevés ?

Tant que rien de semblable n'existera chez nous, l'industrie chevaline y réclamera des encouragements. Parmi ceux qui lui sont offerts, les uns ont pour but immédiat la multiplication des chevaux de pur sang ou de sang ; les autres, s'adressant à la masse des éleveurs, ont principalement pour objet l'amélioration dans la production générale. J'étudierai plus particulièrement l'institution des *courses* et des *primes*.

Des Courses.

Les courses sont des luttes destinées à faire connaître le mérite absolu des chevaux, leur énergie, leur vigueur, leur aptitude au service de la selle ou du trait, et quand elles ont lieu entre chevaux entiers, à signaler ceux que la victoire appelle de préférence à la propagation et au perfectionnement de l'espèce.

Tel est du moins le double but de l'institution des courses modernes.

Les courses se distinguent aujourd'hui en *courses de vitesse* ou *de race* et en *courses de production*.

Les premières sont désignées sous le nom de *courses plates*, quand elles se font sur un hippodrome préparé, sur un terrain uni, sans obstacle. Elles prennent ceux de *courses des haies*, des *barrières* ou de *steeple chease*, *courses au clocher*, quand le terrain où elles s'exécutent présente des obstacles, des embarras artificiels ou naturels.

Ces épreuves se font au galop le plus rapide, et généralement entre chevaux reproducteurs de pur sang ou de sang.

Les *courses de production* s'effectuent au galop ou au trot. Dans ce dernier cas, les chevaux sont montés ou attelés. Elles ont lieu entre chevaux reproducteurs ou de service.

Courses de races. — Les courses de chevaux sont connues de temps immémorial. Les peuples de la Grèce ancienne en avaient fait un de leurs amusements favoris. C'était une des parties principales de leurs fêtes publiques. Des courses avaient toujours lieu aux funérailles des rois et des héros. Homère nous a laissé une description pompeuse de celles qui se firent aux funérailles de Patrocle tué par Hector. Il enseigne ailleurs, aux écuyers, comment il faut tourner la borne avec adresse, pour devancer ses concurrents et ne pas blesser les chevaux.

Les jeux olympiques institués par Hercule, et renouvelés tous les quatre ans dans les plaines de l'Elide, empruntaient une partie de leur intérêt aux courses de chevaux et de chars qui s'y faisaient dans un hippodrome disposé à côté du Stade. Tous les peuples de la Grèce s'y rendaient en foule. Pendant leur durée les hostilités étaient suspendues. L'hippodrome avait 1,200 pieds de longueur et 600 pieds de largeur. Les places des concurrents se tiraient au sort, car elles n'étaient pas toutes également avantageuses. Pour avoir le droit de se présenter dans la lice, les concurrents devaient s'être livrés, pendant dix mois au moins, à des exercices préparatoires.

Tout le monde a présent à la mémoire le tableau qu'en a donné le savant abbé Barthélémy, dans son *Voyage du jeune Anacharsis;* je ne puis résister au désir de lui en emprunter les principaux traits. Ils suffiront pour nous prouver que les peuples civilisés et les peuples guerriers ont de tout temps attaché beaucoup d'intérêt à la possession des belles races de chevaux :

« Le lendemain, dit-il, nous allâmes de bonne heure à l'hippodrome, où devait se faire la course des chevaux et celle des chars. Les gens riches peuvent seuls livrer ces combats, qui exigent en effet la plus grande dépense. On voit dans toute la Grèce des particuliers se faire une occupation et un mérite de multiplier l'espèce des chevaux propres à la course, de les dresser, et de les présenter au concours dans les jeux publics. Comme ceux qui aspirent aux prix ne sont pas obligés de les disputer eux-mêmes, souvent les Souverains et les Républiques se mettent au nombre des concurrents, et confient leur gloire à des écuyers habiles . . . .

. . . .

Bientôt nous vîmes un grand nombre de cavaliers s'élancer dans l'hippodrome, passer devant nous avec la rapidité d'un éclair, tourner autour de la borne qui est à l'extrémité, les uns ralentir leur course, les autres la précipiter, jusqu'à ce que l'un d'entre eux, redoublant ses efforts, eut laissé derrière lui ses concurrents affligés (1). »

Ne croirait-on pas assister aux courses de Chantilly ou de Newmarket? Sans doute, il ne s'agissait ni de gagner quelques livres sterling, ni de choisir un étalon pour les haras de la Thessalie; mais les luttes actuelles, qui ont un but utile, n'en sont que plus dignes d'une grande attention.

« Pour voir les préparatifs de la course des chars, nous entrâmes dans la barrière; nous y trouvâmes plusieurs chars magnifiques, retenus par des cables qui s'étendaient le long de chaque file, et qui devaient tomber l'un après l'autre. Ceux qui les conduisaient n'étaient vêtus que d'une étoffe légère. Leurs coursiers, dont ils pouvaient à peine modérer l'ardeur,

(1) Barthélemy, *Voyage du jeune Anacharsis en Grèce*, chap. XXXVIII

attiraient tous les regards par leur beauté, quelques-uns par les victoires qu'ils avaient déjà remportées. Dès que le signal fut donné, ils s'avancèrent jusqu'à la seconde ligne ; et s'étant ainsi réunis avec les autres lignes, ils se présentèrent tous de front au commencement de la carrière. Dans l'instant on les vit, couverts de poussière, se croiser, se heurter, entraîner les chars avec une rapidité que l'œil avait peine à suivre. Leur impétuosité redoublait lorsqu'ils se trouvaient en présence de la statue d'un génie qui, dit-on, les pénètre d'une terreur secrète ; elle redoublait lorsqu'ils entendaient le son bruyant des trompettes placées auprès d'une borne fameuse par les naufrages qu'elle occasionne. Posée dans la largeur de la carrière, elle ne laisse, pour le passage des chars, qu'un défilé assez étroit, où l'habileté des guides vient très-souvent échouer. Le péril est d'autant plus redoutable, qu'il faut doubler la borne jusqu'à douze fois, car on est obligé de parcourir jusqu'à douze fois la longueur de l'hippodrome, soit en allant, soit en revenant. A chaque évolution, il survenait quelque accident qui excitait des sentiments de pitié ou des rires insultants de la part de l'assemblée. Des chars avaient été emportés hors de la lice ; d'autres s'étaient brisés en se choquant avec violence : la carrière était parsemée de débris qui rendaient la course plus périlleuse encore (1). . . . . »

Les vainqueurs étaient couronnés dans le bois sacré d'Olympie ; leurs noms inscrits sur les registres publics des Eléens. Ils recevaient, en rentrant dans leur patrie, des honneurs extraordinaires. Les coursiers qui avaient remporté la victoire étaient ornés de fleurs. Les poètes les célébraient dans leurs chants. Après leur mort on leur élevait des tombeaux magnifiques, et leurs statues étaient souvent déposées dans les temples de Jupiter ou de Junon.

Les Romains ont eu des courses analogues à celles d'Olym-

(1) Barthélémy, *loc. cit.*

pie. Le cirque servait d'hippodrome. Des chevaux montés par des écuyers ou attelés prenaient part à la lutte. Et la victoire pour n'être pas suivie des mêmes honneurs publics n'en était pas moins disputée avec beaucoup d'ardeur. Virgile, Horace ont immortalisé ces jeux de l'ancienne Rome, comme Homère ceux des temps héroïques de la Grèce. La passion du cheval s'était aussi un jour emparé de la ville souveraine. L'art de l'équitation et de la voltige y fut poussé très-loin.

« A Constantinople, durant la longue agonie du Bas-Empire, l'hippodrome obtint une célébrité presque égale à celle des jeux olympiques. Les empereurs et les populations de cette époque dégénérée ne retrouvaient quelque énergie que pour se passionner en faveur des chars aux livrées vertes et bleues qui se disputaient la palme. »

La France possède également des courses de chevaux depuis un temps immémorial. C'est dans la Bretagne, la Normandie, les Pyrénées, l'Auvergne, la Bourgogne, qu'elles ont été le plus suivies; elles s'y sont conservées jusqu'à nos jours. Là, aussi, elles sont un trait des mœurs locales. Un mouton, un gobelet d'argent, une bague, des gants, quelques rubans même ou d'autres objets de peu de valeur sont le prix de la victoire; mais qu'importe! chaque fête de village se termine par une course de chevaux. Ce n'est pas sur un hippodrome, ni entre des chevaux richement harnachés et soumis depuis long-temps à une méthode savante de préparation, c'est sur un terrain accidenté, sur une mauvaise route, ou à travers champs et buissons, que se dispute la palme. Les chevaux sont ceux du pays, jeunes ou vieux, petits ou grands, avec ou sans selle, mais toujours énergiques et vigoureux.

Comme on le voit, c'est l'enfance de l'art, c'est la course à l'état de nature. Pendant plusieurs siècles les contrées européennes qui marchent à présent à la tête de la civilisation n'ent ont pas connu d'autres. Les premières courses réglées des temps modernes furent établies en Angleterre. Elles datent, dit-on, du règne de Henri II, à la fin du XIIe siècle. Les chevaux de la Barbarie, de l'Espagne, de la Normandie, se sont rencontrés longtemps sur des hippodromes improvisés, dans des espèces de *steeple-chease*, et à des époques qui n'avaient rien de bien fixe. Edouard III et Henri VIII ont particulièrement favorisé cette institution. Mais c'est surtout sous les derniers des Stuarts, sous Jacques Ier et son fils, l'infortuné Charles Ier, qu'elles ont pris du développement et de la régularité. L'hippodrome célèbre de Newmarket a été établi sous le règne de Jacques Ier, de 1603 à 1625. Sous Georges II et sous Georges III le goût des courses devint universel en Angleterre.

La France n'a suivi que bien tard l'exemple de la Grande-Bretagne. L'institution des courses réglées n'a pas encore chez nous un demi-siècle d'existence. Des luttes particulières ont eu lieu dans le courant du XVIIIe siècle; mais quelques grands seigneurs y prenaient seuls part (1). Souvent même il s'agissait de gagner un pari, en parcourant à cheval, en un temps donné, la distance qui séparait deux stations, en employant un ou plusieurs chevaux. C'est ainsi que peu d'années avant le règne de Louis XV, M. de Saillant fit la gageure qu'il franchirait quatre fois en six heures l'espace compris entre la porte St-Denis et le château de Chantilly; qu'en 1754, un lord d'Angleterre paria qu'il irait à cheval de Fontainebleau à Paris en deux heures (la distance est de 14 lieues).

Des courses ayant plus d'analogie avec celles qui se font maintenant, eurent lieu en 1776, dans la plaine des Sablons; elles durèrent plusieurs jours. Les sportsmen qui inauguraient

(1) M. Havez-Montlaville dit que des courses de chevaux avaient été fondées par Henri IV, en 1587. Elles se faisaient dans l'enclos du château de Montoire, près de St-Omer, tous les ans, le premier dimanche de mai. Elles se continuèrent jusqu'en 1789.

le turf sur le sol de la France étaient le comte d'Artois (depuis Charles X), le duc de Chartres, le prince de Nassau, le prince de Guémenée, et plusieurs nobles anglais.

L'année suivante, à Fontainebleau, quarante chevaux figurèrent dans une poule.

Sous le règne de Louis XVI, d'autres courses eurent lieu souvent aux environs de Paris, mais sans époque fixe. On a conservé le souvenir de celles qui se sont faites en 1781, dans le parc de Vincennes, entre des juments françaises et étrangères.

Les révolutionnaires du siècle dernier, qui rêvaient la restauration des républiques anciennes, et qui croyaient prendre pour modèle Athènes ou Rome, tentèrent, mais sans succès, de ressusciter les courses de chars. « Des accidents fréquents et graves, causés par l'imprévoyance ou l'inhabileté des coureurs, firent bientôt renoncer à ce genre de spectacle et d'amusement dangereux, qui ne présentait aucun but d'utilité (1). »

L'institution des courses d'hippodrome avait été proposée en 1798, mais elle ne date réellement en France que de 1805. Elle est l'œuvre de Napoléon. Un décret impérial, daté du camp de Boulogne le 31 août, dispose qu'il sera établi des courses successivement dans les départements les plus remarquables par la bonté des chevaux qu'on y élève. Le ministre de l'intérieur était chargé de tous les règlements nécessaires (2).

Nos courses officielles sont évidemment d'importation anglaise. Dans les noms, le langage technique, les habitudes et les lois du sport, presque tout est anglais.

Leurs commencements furent faibles. En 1807, vingt-cinq chevaux seulement se présentèrent sur le turf. En 1826, il y

(1) Comte de Montendre, *Institutions hippiques*.

(2) Huzard père dit que l'ancien gouvernement faisait un fonds de courses de 24,000 livres. J'ignore à quoi cette subvention était employée.

en eut cent trente-neuf. Leur nombre s'éleva à neuf cent trente-trois en 1845; à onze cent vingt-quatre en 1850. Il faut ajouter pour cette dernière année, comme ayant paru dans les courses de production : chevaux montés, cinq cent trente-sept ; chevaux attelés, cent cinquante-quatre. L'institution a suivi, comme ces chiffres le prouvent, une marche ascendante assez rapide.

Les courses d'aujourd'hui ont principalement pour objet de faire constater le mérite des reproducteurs. Ce but apparaît dès leur origine et se manifeste dans tous les arrêtés, et ils sont nombreux, qui ont régi la matière depuis le décret de 1805.

Le règlement du 10 octobre 1806 n'admettait à courir que des chevaux entiers et des juments, nés et élevés en France, et qui devaient être la propriété de celui qui les présentait ou les faisait présenter.

Les dispositions réglementaires concernant les courses, le nombre des arrondissements, la nomenclature des prix, l'âge des chevaux, le poids, la vitesse, la distance à parcourir, les règles auxquelles le jury doit se conformer, etc., ont subi de nombreuses variations. Il ne pouvait en être autrement d'une institution qu'il fallait adapter à nos usages et qui devait se perfectionner.

Le dernier arrêté sur les courses date du 17 février 1853. Il dispose que le gouvernement décernera quatre classes de prix :

1° Un grand prix impérial ;
2° Des prix impériaux ;
3° Des prix principaux ;
4° Des prix spéciaux.

Ces prix ne sont accordés que pour les courses de vitesse, au galop. Ceux destinés aux courses de chevaux de service attelés seuls ou par paires, ou montés, prennent le titre de primes de dressage.

La dotation de 1805 était insuffisante ; elle a dû s'accroître à mesure que les hippodromes se multipliaient et qu'un plus grand nombre de concurrents se présentaient dans la lice. Il en est résulté une impulsion plus vive de la part du gouvernement, et de la part des particuliers plus d'émulation.

L'institution a été fortement encouragée par Louis XVIII et par Charles X, et surtout par le roi Louis-Philippe et ses fils les ducs d'Orléans et de Nemours. Mais ce n'est que depuis 1834 qu'elle a pris en France une importance réelle. L'adoption définitive de la doctrine du pur sang lui a donné un sens économique plus précis que celui qu'elle avait eu jusqu'alors chez nous.

Le souverain actuel est un amateur trop éclairé des beaux chevaux ; il est trop jaloux de la grandeur de la France pour ne pas entourer de sa haute protection un moyen dont il a pu apprécier la puissante influence sur les races de l'Angleterre.

De 1805 à 1849 cinquante-un hippodromes ont été créés. Dans cet intervalle, neuf ont été supprimés de droit ou de fait. Sur ce nombre de suppressions sept ont été effectuées par la révolution de 1848 (1).

Sous le rapport des courses, la France est bien au-dessous de l'Angleterre. Le tableau statistique suivant, emprunté aux *Institutions hippiques* de M. Gayot, nous donne la situation comparative du turf dans les deux pays, en 1843 :

	Angleterre.	France.	Différence.
Nombre d'hippodromes.	136	38	102
Prix courus	1,218	214	1,004
Valeur des prix . . .	4,780,000	354,000	4,426,000

(1) L'hippodrome de Lyon, ouvert en 1839 sous le patronage de la Société du Jockey-Club, s'est fermé en 1848.

	Angleterre.	France.	Différence.
Chevaux qui ont couru .	1,294	621 (1)	673
Sommes en jeu par tête de cheval amené au poteau.	3,694	584	3,110

Notre infériorité trouve son explication, partie dans le tableau qui précède, et partie dans l'ensemble des causes qui déterminent la production hippique dans les deux pays.

L'institution des courses a été vivement attaquée. Nulle part elle ne l'a été autant qu'en France. Est-ce parce qu'il n'est pas de moyen d'encouragement plus susceptible d'exciter notre verve railleuse, et qui puisse être combattu par des arguments plus spécieux ? Ou bien parce que son but complexe ne saurait être bien compris que par les personnes qui ont quelque notion vraie d'hippologie ? Toujours est-il qu'on a voulu y voir un objet de luxe, et que ses subventions ont été comparées à celles que reçoivent les théâtres. Je n'ai ni le temps, ni la volonté de discuter ces raisons.

L'influence des courses sur l'état des races chevalines a été signalée longtemps avant leur importation en France, mais uniquement d'après les résultats qu'elles produisaient en Angleterre. Nous allons voir que le témoignage des principaux hippologues du siècle dernier leur était généralement favorable.

Bourgelat n'hésite pas à les considérer comme une des causes qui ont le plus contribué à la prospérité hippique de la Grande-Bretagne. Par elles, dit le célèbre fondateur des écoles vétérinaires, la race des chevaux a été totalement changée ; des chevaux précieux sont et ont été pour l'Angleterre la base et le fondement d'un nouvel élément de commerce qui, jus-

(1) En 1850, le nombre des chevaux qui ont pris part aux courses de vitesse a été de onze cent vingt-quatre, le nombre des courses de cinq cent treize, et la valeur des prix de 671,700 fr.

qu'alors, lui avait été absolument inconnu, et que le double attrait du bénéfice des courses et du bénéfice des sauts, joint à une entière liberté et aux lumières que donne l'expérience, soutiendra toujours. Par les courses, les Anglais sont parvenus non-seulement à créer et à former des productions d'un ordre supérieur, mais à multiplier l'espèce, au point que, quelque considérable que soit le nombre des chevaux exportés tous les ans dans diverses contrées, on peut assurer que les chevaux de cinq ans, âge où ils sont communément vendus à Londres, sont d'un prix moindre de moitié que les chevaux de trois et de quatre ans, que l'on trouve chez les marchands de Paris. Les courses ont offert le plus sûr moyen de s'assurer de la vigueur et de la bonne organisation des chevaux, de distinguer ceux qui pourraient démentir leur origine, et de choisir, sans craindre de se tromper, parmi ceux qu'on peut regarder comme bons, les animaux qui méritent d'être préférés pour le service des cavales, car il faut avouer que l'inspection seule ne sauvera jamais l'homme le plus profond et le plus exercé dans cette partie, du malheur de souvent errer en ce qui concerne le fond du caractère et du tempérament de l'animal, et les différentes qualités intérieures qui en constituent la force et le courage (1).

Le Boucher du Crosco, qui écrivait vers 1770, après avoir montré combien il est facile de se tromper en jugeant un poulain d'après sa conformation, demandait qu'on établît dans sa province, la Bretagne, des courses à l'instar de celles d'Angleterre, et que ce fût le cheval vainqueur qui obtînt la gratification.

Lafont-Pouloti n'hésite pas à regarder les courses de chevaux comme nécessaires à la production et au maintien des bonnes races, des races pures de chevaux fins.

Huzard père acceptait le principe des courses comme excel-

(1) Bourgelat, *Traité de la conformation extérieure du cheval.*

lent ; ce qu'il blâmait, c'est sa mauvaise application, l'abus qu'on en peut faire. « Le but des courses, disait-il, étant de faire connaître le cheval le plus vite, le plus vigoureux, celui qui a le plus d'haleine et de fond, et par conséquent le meilleur, l'emploi de ce cheval dans les haras doit nécessairement donner naissance à des productions qui lui ressemblent, et même qui le surpassent, s'il est uni avec une jument qui, soumise aux mêmes épreuves, aura également été reconnue la meilleure. C'est ainsi que les courses sont utiles à la régénération et à l'amélioration des races (1). »

Les témoignages en faveur des luttes de l'hippodrome, comme moyen d'améliorer les races équestres, n'ont pas manqué de notre temps. M. Huzard fils, qui a étudié les courses en Angleterre même, dans leurs rapports avec les races, avec la situation morale et agricole de la contrée, a émis sur ce sujet un jugement d'une haute valeur que nous nous ferons un devoir de transcrire ici. « Selon moi, dit notre savant confrère, une institution (celle des courses) devenue nationale, pour ainsi dire, est la source et la cause principale de cette multiplication des chevaux de luxe : c'est elle qui donne aux fermiers, aux cultivateurs cet intérêt qui les excite à élever des chevaux de premier choix ; c'est elle qui leur fait compter pour peu de chose les soins, les dépenses, les pertes mêmes que cette élève entraîne : cette institution est celle des courses de chevaux.

« Quand on assiste aux courses de Newmarket, de Duncaster, d'Epsom et d'York, aux premières surtout, qui se renouvellent sept ou huit fois par an, et qui durent quelquefois une semaine, on est étonné d'abord de l'affluence des chevaux qui y sont amenés, et l'on cherche pourquoi il s'en présente autant. Bientôt la multiplicité des prix et leur valeur, dans des poules qui sont quelquefois de 15 à 20,000 fr., et qui se

(1) Huzard, *Instruction sur l'amélioration des chevaux en France.*

sont élevées jusqu'à 50,000 et même jusqu'à 100,000 fr., donne une raison de cette grande affluence, surtout lorsqu'on voit des chevaux remporter, dans une année, plusieurs de ces prix, et lorsque l'histoire équestre fait voir que, par des prix gagnés dans différentes courses, des chevaux ont augmenté de beaucoup la fortune de leurs maîtres (1). Est-il étonnant alors que le désir d'avoir la même chance, engage les cultivateurs à des peines et à des dépenses pour se mettre en état d'avoir de tels animaux?

« Aussi le nombre des cultivateurs qui assistent aux courses est-il grand, et, quoique beaucoup d'entre eux ne s'occupent pas de tous les détails que la préparation aux courses exige, élèvent-ils généralement des chevaux de race, de sang, qui peuvent se présenter à ces jeux. Ceux qui ne veulent pas s'occuper de dresser eux-mêmes leurs chevaux, s'arrangent avec des gens qui font profession de faire courir les chevaux : ceux-ci les dressent et les disposent; et tout cheval qui a figuré aux courses une première fois avec quelque distinction, acquiert, par cela seul, une valeur bien supérieure à sa valeur commerciale ordinaire; tandis que s'il ne s'y est pas distingué, il reste néanmoins avec la même valeur qu'il avait avant de courir. Je ne parle ici que des jeunes chevaux qui se présentent aux courses pour la première fois; ceux qui ont déjà gagné des prix, ont une valeur supérieure qu'ils ne perdent que quand des accidents ou la vieillesse viennent les rendre impropres à courir ou à servir à la reproduction.

« Le désir d'avoir de bons chevaux fait qu'il n'y a guère que les chevaux qui ont gagné des prix dans les courses, ou au moins qui se sont distingués comme de bons chevaux de chasse, qui servent à reproduire l'espèce; et quand on voit qu'ils couvrent vingt ou trente juments, à deux, trois et

(2) On prétend que le lord Exeter, dans la seule année 1829, a gagné, en prix et gageures, plus de 600,000 fr.

jusqu'à vingt guinées par jument, on n'est plus étonné que les cultivateurs cherchent à élever des chevaux propres à devenir de tels coureurs ou de tels étalons, et le plus ordinairement étalons après avoir été coureurs. . . . .

. . . . »

Et plus loin, M. Huzard ajoute : « Je ne crains pas d'avancer que, si les Anglais ont la meilleure race de chevaux, s'ils en ont suffisamment pour leurs besoins et pour en vendre à l'étranger, de manière à retirer des sommes assez considérables de cette exportation; je ne crains pas d'avancer, dis-je, que leurs courses de chevaux sont la seule cause de cet état prospère, et qu'elles ne l'ont amené qu'en forçant les hommes à agir constamment dans le même but et dans le même sens (1). »

D'autres avantages, d'après M. Huzard, sont encore attachés à l'institution des courses : elles évitent les erreurs, les injustices qui peuvent être commises par les commissions d'examen dans les autres méthodes de choix, et produisent un système d'amélioration constant, qui ne peut pas changer, quels que soient les hommes, quelles que soient les théories sur l'amélioration des races.

Le comte de Montendre, M. Gayot et, avec eux, la plupart des hippologues de notre époque, partagent ces vues, et regardent les courses comme une institution utile et sérieuse, malgré les quelques abus dont elles sont accompagnées.

Du reste, presque toutes les contrées du globe les ont adoptées. La Belgique, l'Allemagne, la Russie, la Hongrie, les États-Unis, le Mexique et l'Inde même ont aujourd'hui des hippodromes.

Mais elles ne se sont pas propagées et multipliées ainsi sans avoir soulevé des oppositions. En France surtout, elles ont rencontré de nombreux détracteurs. Mathieu de Dombasle s'en est montré l'un des plus violents adversaires.

(1) Huzard, *Des haras domestiques et des haras de l'État.*

Si les courses, a-t-on dit, ont été la cause première de la prospérité hippique dont jouit à présent la Grande-Bretagne, elles ne sont plus aujourd'hui que de simples jeux de hasard, où le perfectionnement des races n'entre pour rien.

Les courses ne sont plus en Angleterre et même en France ce qu'elles étaient à leur origine, ce qu'elles devraient être uniquement : une épreuve nécessaire pour s'assurer de la vigueur et du fond d'un cheval destiné à la génération. Elles sont devenues pour les uns une spéculation, pour les autres une occasion de ruine et d'élégance, pour tous un jeu (1).

Le propriétaire, le spéculateur qui fait courir s'inquiète bien de l'amélioration ou de la dégradation de la race ! il veut gagner, et pour cela il faut tout sacrifier à une seule condition, la vitesse ; quelquefois même employer des moyens que l'honneur condamne.

On reproche aux courses de faire attacher trop de prix à une qualité exclusive, la rapidité ; de faire élever la taille aux dépens de la régularité des formes, de la valeur réelle, des aptitudes aux usages ordinaires de l'espèce ; d'amener une usure rapide et des tares par des efforts excessifs, par un entraînement prématuré.

La France, ajoute-on, a plus besoin de chevaux de guerre ou de roulage que de chevaux de course, bons à briller seulement sur un hippodrome.

Enfin, ce n'est point parce que les Anglais ont eu des courses qu'ils sont en possession d'une précieuse race chevaline ; chez eux, ces luttes sont une suite de leur goût pour la chasse.

Je n'ai point dissimulé les accusations portées contre les épreuves de l'hippodrome. Mais, comme on l'a dit cent fois, c'est l'abus que l'on signale, c'est le mauvais usage que quelques-uns sont tentés de faire d'une institution bonne en soi.

(1) *Le Comice hippique aux Chambres et au Pays.*

Les meilleures inventions humaines n'ont-elles pas leurs dangers ou leurs inconvénients? Ces détracteurs des courses, objecte le comte de Montendre, ne nous disent pas que c'est après deux ou trois siècles de succès, de prospérité, qu'on a pu craindre l'abus de la chose. Commençons par obtenir le même succès pendant le même espace de temps, sauf à tomber dans les mêmes fautes que nos voisins (1).

Bien des inepties ont été débitées en France sur le véritable but des courses, et sur l'aptitude du cheval de pur sang comme reproducteur. Il semble, à entendre beaucoup de gens, qu'il ne s'agit pas moins que de substituer les chevaux anglais aux nôtres, ou tout au moins de transformer toute notre espèce en chevaux fins, en races de pur sang ou de sang. Ce sont là des erreurs qu'il importe de détruire.

Les courses instituées par le gouvernement ne sont que des épreuves qui servent à déterminer le mérite absolu et comparatif des individus qui aspirent à perpétuer leur espèce en l'améliorant.

N'est-ce pas une loi de nature que les caractères des parents, leurs qualités et leurs défauts se retrouvent dans leurs fils? C'est sur elle que repose toute méthode de perfectionnement par la génération. On ne saurait donc nier que l'étalon qui brille sur l'hippodrome ne puisse transmettre ce qui, précisément, lui a valu la victoire, l'énergie et la vigueur.

Mais la palme n'est pas toujours conquise par celui qui la mérite, et l'habileté du jockey, l'entraînement, des manœuvres frauduleuses peuvent faire échouer un excellent animal, et donner le succès à des individus tarés ou d'une conformation

(1) Je suis de l'avis du comte de Montendre. Il est cependant, dans les courses actuelles de l'hippodrome, des abus graves et sur lesquels je n'ai pas assez insisté, ce sont : la détérioration des formes par l'exagération de la vitesse, et la présence dans la lice de chevaux tarés qui transmettent leurs défauts. Il est évident pour tout le monde, que les chevaux de course un peu étoffés, même après la saison, ou à peu près sains, sont peu nombreux. Ils constituent des exceptions de plus en plus rares.

vicieuse pour un producteur, parce qu'elle est trop spéciale.

Cela n'est pas douteux ; et là se trouve non le vice, mais la plaie de l'institution. Cependant, il ne faudrait pas exagérer, et croire que des résultats aussi contraires à leur but se présentent chaque jour dans les courses. D'ailleurs, les chevaux qui arrivent second, troisième, etc., ne sont pas dépourvus de mérite. Ils perdent sans doute de leur valeur aux yeux des parieurs, des enthousiastes, mais s'ils n'ont été battus que parce qu'ils sont victimes d'une fraude, ou parce que leur entraînement a été mal fait, ils peuvent encore être des sujets très-distingués, des reproducteurs de choix.

Tout le mérite des coureurs, dit-on, est dans leur vitesse ; ce sont de mauvais chevaux de service ; ils ne peuvent soutenir que pendant quelques instants leur course véhémente.

Mais pour atteindre cette rapidité qui nous effraie, ne faut-il pas des muscles puissants, une grande énergie, une puissante volonté, une poitrine ample, une respiration et une circulation larges et aisées. Ces chevaux ne dépensent-ils pas en quelques minutes une somme de force qui étonnerait si elle était traduite en effets ordinaires? Il serait par trop singulier que des individus susceptibles d'utiliser tant de puissance vitale, tant d'efforts en un moment, se trouvassent sans moyens, sans énergie, si cette puissance vitale devait être distribuée autrement.

Il ne s'agit pas non plus de mettre à la voiture, à la diligence un étalon de pur sang créé et entretenu à grands frais : ce n'est point sa destination. Se reproduire, transmettre à ses descendants la vigueur qui le caractérise, voilà tout ce qu'on exige de lui. N'est-ce pas là l'usage judicieux et éminemment utile qu'en ont fait l'Angleterre et l'Allemagne? pourquoi la France n'en obtiendrait-elle pas les mêmes résultats? Au reste, les chevaux de course ne constituent pas une espèce dans l'espèce, ainsi qu'on l'a dit ; et quand, au lieu de les pré.

parer pour l'hippodrome on les a dressés pour le service de la selle, ils font des montures très-recherchées et très-chères.

En résumé donc, les courses de chevaux ont pour but : comme moyen, de faire juger, avec preuves à l'appui, le mérite des individus, et comme encouragement, de solliciter la production des chevaux qui sont appelés, par leurs qualités exceptionnelles, à améliorer leur espèce. A ce titre, elles sont utiles et doivent prendre place parmi les moyens les plus propres à développer chez nous l'élevage du cheval noble.

Courses de production. — Huzard père, en adoptant le principe des courses, exprimait le désir que ces épreuves ne fussent point bornées aux chevaux de pur sang ou de sang, ni à des luttes au grand galop. Il pensait qu'elles rempliraient bien plus complétement leur but, si elles se faisaient à toutes les allures, et pour tous les genres de services auxquels les animaux sont employés.

Déjà Lafont-Pouloti avait réclamé, en 1787, les courses de chars comme un genre d'épreuves d'une application plus générale, et susceptible d'encourager chez nous la multiplication et le dressage des chevaux de carrosse. Il rappelait avec enthousiasme leur rapport avec les mœurs anciennes et avec la civilisation de la Grèce antique et de l'Italie. J'ai dit que l'essai malheureux qui en avait été fait à Paris, pendant la Révolution française, avait obligé d'y renoncer.

Mais le conseil donné par Huzard n'a point été entièrement perdu. Des courses au trot, dans lesquelles figurent des chevaux montés ou attelés, ont été établies dès 1835 sur plusieurs hippodromes de la Normandie, à Caen, à Cherbourg, etc.

En Normandie, où l'on peut dire qu'elles ont plus de raison d'être que partout ailleurs, elles avaient principalement pour but de détruire les vices de l'éducation, d'engager les éleveurs à donner aux poulains une nourriture mieux appropriée à leur destination future, à les rendre plus légers, plus élégants, à les mieux dresser.

L'institution a produit quelques résultats. Malheureusement elle a été faussée dès son début. Il s'agissait de faire courir des chevaux adultes, prêts à être livrés au commerce, on a présenté des poulains. Et ces courses sont devenues l'objet des mêmes récriminations que celles de vitesse. Une autre circonstance empêchera toujours que ces luttes s'étendent beaucoup, aient du succès : elles intéressent moins, elles n'offrent point à la curiosité publique des émotions aussi vives, un spectacle aussi pittoresque. Elles n'auront jamais le privilége d'attirer autant la foule, et dans ces questions le bien se fait souvent par l'attrait du plaisir qu'on éprouve à le faire ; l'amour-propre y joue son rôle.

Sous ce rapport encore la France fait preuve de moins d'intelligence et d'esprit de suite que beaucoup d'autres états de l'Europe, où l'on a institué des courses pour les chevaux de cultivateurs ; nous pourrions citer l'Autriche, la Bohême, la Hongrie, la Russie, la Pologne, etc.

Des Primes.

L'ancien gouvernement ne se bornait point à produire dans ses haras des chevaux de valeur qu'il employait à la reproduction ; il en achetait en France même et à l'étranger, qu'il plaçait dans des dépôts, ou qu'il confiait à des particuliers, en concédant certains priviléges ; enfin, il offrait des indemnités à ceux qui entretenaient, pour leur compte personnel, des reproducteurs de quelque mérite. C'est là ce qu'on a appelé le système de Colbert, successivement complété par des mesures de coercition et de répression.

Les critiques nombreuses qui lui ont été adressées tiennent à deux causes : aux défauts inhérents à l'institution elle-même qui entravait la liberté de l'industrie, et qui, n'ayant pas assez de force pour faire exécuter les prescriptions de la loi, devait être ou paraître, du moins, souvent vexatoire : en second lieu, à l'erreur, à la fausseté du principe qui présidait au choix et à la répartition des étalons.

Un semblable système devait nécessairement tomber. Il ne pouvait plus, en effet, s'adapter à la situation de la France, en 1790, qu'en se modifiant très-profondément. La Révolution supprima tout, haras, dépôts, concessions et privilèges. Quelques hippologues auraient voulu qu'on le relevât. M. Huzard fils le préférerait à la partie du système actuel qui consiste à approuver des étalons particuliers. Il pense que la faculté de déplacer ou de réformer un étalon est un droit que le gouvernement ne doit jamais abandonner, et qu'avec les mêmes dépenses, en plaçant les chevaux de l'État chez des propriétaires, on pourrait en entretenir un beaucoup plus grand nombre, et obtenir plus sûrement, dans les croisements, une suite que l'expérience fait juger impossible ou très-difficile avec nos dépôts actuels.

La grande difficulté du système des gardes-étalons vient de ce qu'on trouve très-peu de cultivateurs qui veuillent se charger des chevaux de l'État, même avec de fortes primes; qui sachent leur donner les soins nécessaires, ou qui soient assez intelligents et assez actifs pour en tirer un bon parti, en vue de l'amélioration.

M. Huzard croit cet obstacle moins grand qu'on ne le suppose. Mais l'expérience semble déposer contre son opinion. La plupart des départements qui avaient, il y a quelques années, essayé de ce système, y ont renoncé. Je ne sais si les abus signalés par Lafont-Pouloti, et qui se trouvent consignés dans le cours de ce mémoire, se reproduiraient tous; mais bien certainement il s'en présenterait d'autres que l'on ne pourrait éviter.

Étalons approuvés. — J'ai dit précédemment que le décret de 1806 disposait que les possesseurs d'étalons d'un mérite reconnu, qui voudraient les employer à la reproduction, recevraient des primes. Mais cette mesure n'eut pas immédiatement son exécution. Pour la trouver en vigueur, il faut descendre jusqu'à 1820. A cette date, le nombre des étalons approuvés était de cent quatre-vingt-dix. Il s'est élevé depuis lors successivement à environ cinq cents. Ces animaux sont aujourd'hui divisés en trois catégories. La valeur des primes est fixée de la manière suivante, par un décret du 17 juin 1852 :

Étalons de pur sang, de .	500 à	1,200 fr.
Id. de demi-sang, de .	300 à	600
Id. de trait, de . . .	100 à	300

Ce mode d'encouragement a son bon et son mauvais côté, comme toutes les choses de ce monde. M. Huzard fils l'attaque énergiquement. Il pense que la faiblesse de caractère des personnes chargées d'approuver les étalons, la parenté, les relations d'intimité et l'influence de la richesse ou de la position sociale, feront très-souvent approuver des étalons médiocres.

Mathieu de Dombasle, qui a presque tout critiqué dans l'intervention, n'épargne pas cette mesure, qu'il trouve tout au moins inutile.

Je ne saurais partager l'opinion de ces hippologues sur ce point. Que la mesure ait quelques inconvénients, je le conçois ; mais il faut se rappeler, avant tout, que les beaux étalons manquent à la France, et que le nombre de ceux que l'administration peut entretenir sera toujours fort restreint.

Étalons autorisés. — L'approbation des étalons est confiée aux fonctionnaires des haras ; elle se fait en quelque sorte à huis clos, et se trouve ainsi dépourvue d'une certaine garantie. Pour écarter cette cause de récriminations, le gouvernement a décidé la formation d'une troisième classe d'étalons, dite des *étalons autorisés*, dont la visite est confiée aux commissions hippiques départementales.

Cette création, dont l'idée première se retrouve déjà en

1820, date du 27 octobre 1847. Les primes affectées aux étalons autorisés sont les mêmes que celles indiquées plus haut.

DÉPÔTS DE POULAINS. — Sous la Restauration, il avait été établi, dans les haras de l'État, des dépôts de poulains achetés dans les centres de production. C'était, croyait-on, un encouragement pour les éleveurs, à qui on offrait la possibilité de se défaire, au moment qu'ils jugeaient le plus convenable, de produits dont ils étaient embarrassés. Le résultat de cette mesure n'a pas répondu aux espérances qu'on en avait conçues. D'abord, ces dépôts ne pouvaient pas être nombreux ; ils eussent exigé de l'État une dépense trop forte ; ensuite, ils ne recevaient que des poulains mâles, et alors l'encouragement prenait, relativement à la production d'une contrée, des proportions insignifiantes. Cette mesure a donc dû être abandonnée. Ses inconvénients ont été déduits avec beaucoup de logique et de force par M. de Royère ; je ne crois pas que personne, après les avoir médités, soit encore tenté d'y revenir. « Les propriétaires, dit-il, toujours portés à croire que ce qu'ils ont vaut mieux que ce qu'ont les autres, voudraient toujours qu'on leur payât leurs poulains au maximum. — M. tel a vendu son poulain tant..... ; le mien vaut bien mieux, et cependant vous ne voulez pas le payer le même prix, etc. Le directeur de haras ou le chef du dépôt ne peut cependant pas se rendre à de si bons raisonnements, et, le plus souvent, il fait dix mécontents pour un de satisfait. . . . . . .
L'achat des poulains à un an a le grave inconvénient d'empêcher les étrangers de venir acheter des chevaux dans les provinces ; ils sont convaincus que tout ce qui est bon a été acheté par les haras ; ils ne prennent guère la peine de venir pour voir quelques trop rares chevaux gardés par les particuliers. » Et M. de Royère prouve que cet encouragement fort peu important pour une contrée, puisque le haras de Pompadour n'achetait que vingt-quatre poulains par an, était très-

onéreux pour l'État, parce que la moitié des individus acquis devait être, après avoir coûté beaucoup, réformée et vendue à vil prix.

Primes.

L'encouragement le plus en vogue aujourd'hui, parce qu'il est d'une application plus générale et s'adresse directement à l'industrie, c'est la distribution des primes dans les concours publics.

Cette mesure date de 1806. Le règlement du 13 novembre disposait : Art. 1er. Il sera distribué annuellement des primes aux propriétaires ou cultivateurs qui amèneront aux principales foires des départements les plus fertiles en chevaux de belle race, des chevaux entiers, juments et poulains qui auront été jugés supérieurs, d'après les concours qui seront ouverts à cet effet.

L'arrêté ne fixe pas le nombre des primes : leur valeur est comprise entre 50 et 300 fr.

Le gouvernement faisait d'abord seul les frais de ces distributions. Bientôt les départements s'y associèrent ; les conseils généraux votèrent des fonds pour étendre et compléter la mesure.

Dans l'origine, les primes étaient offertes aux sujets de toute catégorie ; plus tard elles furent réservées uniquement aux juments et aux pouliches. Nous sommes revenus aujourd'hui au premier mode.

Ce genre d'encouragement a fait l'objet de nombreuses dispositions réglementaires. Devenu local, et abandonné aux départements, aux communes, etc., il s'est modifié de mille manières, selon les hommes et les circonstances. Finalement, la mesure a abouti aux concours de diverses sortes institués par les administrations départementales ou communales et par les sociétés ou associations agricoles, et, en dernier lieu, aux concours régionaux d'animaux reproducteurs, créés par arrêté du 17 août 1849.

L'institution des primes distribuées en concours public, qui paraît répondre, par son but et par ses formes, aux besoins d'encouragement qu'exprime l'industrie, et aux conditions de garantie que réclame une bonne justice distributive, a été vivement critiquée. Ce n'est pas que le principe en soit attaquable ; mais son application a paru produire souvent plus de mal que de bien, ou du moins ne pas donner des résultats en proportion des dépenses qu'elle entraîne.

M. Gayot, après avoir signalé la nécessité de fixer dans les programmes un ordre d'idées saines et logiques qui conduisent d'une manière nette et positive vers le but que l'on veut atteindre, ajoute : « Ce principe est bien rarement adopté. Presque partout, au contraire, on voit des dispositions complexes, illogiques, mal étudiées, une institution compromise et sans action sur l'industrie, dont la marche est vacillante, faute d'un appel intelligent, d'une direction rationnelle.

« Dans ces conditions n'attendez rien des primes, si nombreuses qu'elles soient ; vous en ferez un palliatif, un expédient, mais non plus un véhicule sérieux, efficace, pour la bonne production ou le bon élevage. Dans ces conditions, et pour maintenir les distributions annuelles, on modifie sans cesse le programme dans ses détails ; on va, sans but, comme sans résultat, d'un mode à un autre, puis on marie celui-ci à celui-là, et ce dernier à un autre. On alimente ainsi les concours, parce que, à chaque changement, des producteurs et des éleveurs nouveaux qui se trouvent dans la catégorie favorisée se présentent pour profiter des avantages temporaires que le hasard, qu'un accident, allions-nous dire, a mis à leur portée. Ainsi tourmentée, l'institution ne rend aucun service à l'industrie ; elle devient souvent une déception par suite du peu de fixité du programme ; elle décourage nombre d'éleveurs dont elle aurait pu assurer les efforts, utiliser le bon vouloir et les sacrifices ; elle fait naître des préventions dans les esprits, détourne au lieu d'attirer, et compromet pour longtemps le succès des tentatives ultérieures que l'on pourrait se proposer dans des vues bien arrêtées (1). »

M. Huzard fils n'est pas moins explicite. « Quand on fait attention, dit-il, aux effets que la distribution des primes pécuniaires a produits relativement à l'avancement de quelques branches de l'industrie agricole en particulier, relativement à l'amélioration des races de bestiaux, on est tout naturellement amené à penser que de pareilles distributions produiront les mêmes effets pour l'amélioration des races de chevaux. Cette manière de raisonner a poussé les hommes passionnés de l'amour du bien public, à engager le gouvernement à établir des primes d'encouragement pour les chevaux. J'ai partagé cette opinion ; mais bientôt elle s'est affaiblie, en voyant qu'en Angleterre, où l'on avait institué depuis longtemps de pareilles primes pour presque toutes les branches de l'économie rurale, on n'en distribuait point pour l'élève des chevaux, et que celles qu'on distribue en Écosse pour l'encouragement à l'élève de ces animaux, sont d'institution toute moderne, et seulement pour les chevaux de trait ; elle s'est affaiblie surtout en parcourant la France, et en voyant l'effet que ces primes produisaient : je l'ai abandonnée tout-à-fait, lorsque les faits et le raisonnement m'ont prouvé qu'elles ne pouvaient que faire adopter un système plutôt propre à créer des chevaux lymphatiques que des chevaux d'un tempérament plus robuste (2). »

Les motifs principaux qui ont engagé M. Huzard à blâmer les primes, se trouvent dans les reproches de partialité ou d'ignorance toujours adressés aux jurys chargés des distributions, dans les récriminations auxquelles leurs jugements sont

(1) Eug. Gayot, *Institutions hippiques.*

(2) Huzard, *Des haras domestiques et des haras de l'État.*

en butte, et dans les découragements qui en sont la suite ; ces motifs sont dans les mauvais choix auxquels conduit presque nécessairement le genre d'examen dont il est question, et qui porte sur la beauté, sur les caractères extérieurs variables avec l'âge, avec la destination, avec la mode même ; dans l'erreur où tombe le propriétaire du sujet primé, qui se presse trop de le livrer à la reproduction, impatient d'en tirer profit. Ce qui est vrai pour les poulains présentés dans les concours, l'est également pour les poulinières. Et l'état stationnaire de l'institution démontre suffisamment qu'elle ne remplit pas son but.

On a souvent comparé les courses aux primes comme moyen d'encouragement, et l'on a généralement donné la préférence à celles-là. M. L'Herbette disait à la tribune de la Chambre des députés : « Les primes n'ont jamais amené de bons résultats ; elles se donnent d'après la conformation, tandis que les prix de course se donnent d'après une épreuve. Les prix de course méritent donc la préférence, parce qu'ils se fondent sur un fait, tandis que les primes ne se fondent que sur une opinion. De plus, la véritable beauté non arbitraire étant l'accord des formes avec les résultats qu'on se propose, et le cheval étant un instrument de locomotion, le plus beau pour les connaisseurs est celui qui offre les formes les plus indicatives de la vitesse ou de la force, qualités qu'on ne reconnaît qu'à l'épreuve.

M. de Marivault, dans son traité du *Système suivi pour l'amélioration des chevaux*, soutient que les distributions de primes n'ont presque jamais conduit à des résultats avantageux.

Le comte de Montendre a été plus sévère encore lorsqu'il a dit : « Je sais fort bien que le système des primes plaît assez généralement aux uns, parce qu'ils espèrent en obtenir ; aux autres, par la raison qu'ils sont flattés d'en distribuer, et que tous s'abusent sur les résultats de ce genre d'encouragement. Dans la première classe se rangent les grands et petits proprié-

taires éleveurs de chevaux ; dans la deuxième, quelques fonctionnaires de l'ordre administratif, quelques membres des conseils généraux et d'arrondissement, qui n'ont point approfondi la question, et enfin les propriétaires qui, par leur position, leurs connaissances, leur influence, peuvent espérer de faire partie des jurys chargés de répartir et de distribuer les faveurs. Tous ont intérêt à exercer une action plus grande sur la plupart des industries de leurs départements. . . .
Je pourrais signaler ici, par un grand nombre d'exemples, cette direction des esprits, et dévoiler le fond de la pensée d'une foule de personnes qui, sous prétexte de travailler au bien public, de s'occuper des intérêts généraux, n'ont en vue que de se donner une plus grande importance, de se mettre en évidence, etc. (1). »

Si je rapporte ce dernier jugement, ce n'est pas que je m'y associe et que je ne le trouve empreint d'exagération. On comprend qu'il a été porté par un inspecteur des haras, attaché à une administration contestée, et luttant contre des idées de décentralisation qui voulaient enlever à Paris, aux représentants officiels de l'intervention, la direction ou le protectorat de l'industrie privée.

Certes, beaucoup de personnes soutiennent de leur nom et de leurs soins, sans arrière-pensée aucune, les concours agricoles. Supprimer ces institutions sous le prétexte que quelques sentiments d'intérêt personnel peuvent se glisser dans l'esprit de ceux qui les organisent ou les encouragent, ne serait pas plus raisonnable, à mon sens, que d'arracher les champs de blé, parce que quelques grains d'ivraie se trouvent souvent mêlés à la semence.

Il en est des concours agricoles comme des courses de chevaux : c'est à les bien régler, à les rendre fructueux qu'il faut tendre, et non à les empêcher.

(1) Comte de Montendre, *Institutions hippiques*.

A ces considérations j'ajouterai quelques vues, soit sur les causes qui peuvent stériliser les concours, soit sur les règles fondamentales qui me paraissent devoir présider à leur organisation.

L'industrie chevaline n'est pas un fait accidentel, imprévu, sans liaison nécessaire avec le passé, sans rapports avec l'avenir. Elle est toujours subordonnée aux circonstances locales, aux habitudes de la population, à la nature des produits agricoles, à l'appel du consommateur. On la voit se modifier, s'étendre, se relever ou s'amoindrir; mais se créer de toutes pièces où elle n'existait pas, rarement : il faut du temps, beaucoup de temps pour cela. Elle a éprouvé chez nous bien des vicissitudes; pourtant les contrées de production y sont toujours à peu près les mêmes que jadis.

Il ne peut exister de production sérieuse que dans les localités où se trouvent des races définies. Ce qu'à l'imitation de Buffon j'appellerais volontiers *des chevaux de rue* augmente le nombre des individus, mais n'a aucune influence sur la prospérité de l'espèce. C'est une ressource privée, à peu près indifférente à la situation générale.

Lorsque le gouvernement veut intervenir, il doit surtout tourner ses vues vers les lieux où l'industrie existe véritablement. Disperser ses forces quand elles ne peuvent tout embrasser serait une faute. Est-ce qu'on trace des chemins de fer partout à la fois, dans toutes les directions? Chaque localité doit être appelée successivement à faire une race appropriée à ses conditions et aux besoins du consommateur.

Les concours dont nous nous occupons en ce moment, ne sauraient produire qu'à la longue des effets appréciables, réalisant le but que l'on s'était proposé. Encore faut-il que l'on soit en possession d'un bon système et des hommes susceptibles de le mettre en pratique. Sans cela on tombe dans l'anarchie, dans la confusion, et l'on dépense beaucoup d'argent en pure perte. On nous pardonnera, en faveur de l'intention, de tracer ici, d'une manière un peu incidente, quelques préceptes généraux ayant trait à ce sujet, avant de continuer notre étude des concours.

Dans le système d'intervention adopté depuis le commencement de ce siècle, les poulinières ne pouvaient être oubliées. Leur rôle dans la production est trop grand. Dès 1816, des primes de valeurs diverses, selon les catégories, leur étaient affectées. Ces encouragements s'adressaient surtout alors à la poulinière indigène. En 1840, ils ne se donnaient plus qu'à la jument de pur sang ou de demi-sang. Et encore l'alliance avec un étalon de sang était-elle exigée (1).

Cette dernière condition révèle tout un système, celui que nous avons fait connaître antérieurement, et circonscrit le cercle dans lequel le gouvernement entend exercer son action.

Mais d'autres considérations se présentent quand on ne se contente plus d'étudier la production au point de vue de l'institution des haras, d'autant plus importantes que les poulinières de sang ou de demi-sang, sont encore en nombre fort restreint chez nous. Je vais essayer d'en présenter quelques-unes.

Les poulinières constituent l'assiette d'une race. Avec de bonnes juments, on peut obtenir partout de bons produits. Mais là où les poulinières sont mauvaises, de toute figure et de toute provenance, eût-on de bons étalons, l'industrie languit, l'espèce ne saurait se perfectionner. Si, dans de telles circonstances, on veut obtenir des améliorations, il faut absolument que, par un système raisonné d'élimination, appliqué avec persévérance, on substitue la jument améliorée et de plus en plus uniforme aux poulinières disparates avec lesquelles on a commencé.

Toutes les nations qui ont possédé de belles races de chevaux

(1) Par décret du 17 juin 1852, les juments de race pure suitées peuvent recevoir une prime annuelle de 200 à 400 francs.

ont attaché beaucoup de prix aux bonnes poulinières. Dans la Grèce ancienne, on croyait les juments plus propres aux courses rapides que les chevaux entiers. Elius et Pline soutiennent cette opinion, qui est partagée par les Arabes de nos jours. Un jeune homme assistant aux jeux olympiques interrogeait un vieillard sur la chance que pouvait avoir un cheval de gagner la course : — Demande-le à sa mère ! lui fut-il répondu.

Le Prophète dit de la cavalle « que son sein est un coffre d'or, et son dos un trône d'honneur. »

Quand Dieu voulut créer la jument, proclament les *âoulâmas*, il a dit au vent : « Je ferai naître de toi un être qui portera mes adorateurs, qui sera chéri par tous mes esclaves, et qui fera le désespoir de tous ceux qui ne suivent pas mes lois ; » et il créa la jument en s'écriant : « Je t'ai créée sans pareille, les biens de ce monde seront placés entre tes yeux, tu ruineras mes ennemis, partout je te rendrai heureuse et préférée sur tous les autres animaux, car la tendresse sera partout dans le cœur de ton maître. Bonne pour la charge comme pour la retraite, tu voleras sans ailes, et je ne placerai sur ton dos que des hommes qui me connaîtront, m'adresseront des prières, des actions de grâces, des hommes enfin qui m'adoreront (1). »

Virgile recommande une grande attention dans le choix des poulinières. De Brohan remarque que les peuples amateurs des belles races en vendent difficilement. Il cite, à cette occasion, les Arabes, les Maures, les Espagnols, les Napolitains, les Danois et les Anglais.

C'est une erreur de croire qu'avec des étalons de mérite toutes les juments sont bonnes pour la reproduction. Cette erreur en entraîne souvent une autre qui consiste à mettre sur le compte de l'étalon les défauts du produit.

Préseau de Dompierre recommandait avec beaucoup de raison de former des races de poulinières dans les pays où l'on

(1) Général Daumas, *Les chevaux du Sahara.*

voulait élever des chevaux, parce que ces juments, à bonté égale, lui paraissaient supérieures à celles des pays étrangers. Il faut convenir qu'en France l'industrie est souvent en opposition avec ce sage précepte. Tessier se plaignait déjà, dans le siècle dernier, du peu de soin que l'on mettait à choisir les poulinières. Aujourd'hui on vend souvent les plus belles pour en tirer une plus forte somme d'argent, et l'on garde pour la reproduction les plus vieilles, ou celles que des défauts ou des tares eussent fait repousser des acheteurs.

Je poursuis mes considérations sur les concours.

Les commissions des concours sont presque toujours composées d'éléments très-hétérogènes. J'admets pleinement et sans restriction aucune que chaque membre pris à part est capable et possède toutes les connaissances spéciales que paraît réclamer la mission qui lui est dévolue. Mais ces juges souverains, nombreux quelquefois, s'abordent souvent sans se connaître, peut-être sans avoir personnellement des idées bien arrêtées sur la matière, ou bien avec des vues en opposition avec celles de leurs collègues. Dans tous les cas, ils n'ont pas le temps de se les communiquer, encore bien moins de les discuter, et le champ d'un concours n'est pas un lieu bien propre à des débats scientifiques. Et puis le temps presse ; la distribution des récompenses doit avoir lieu à heure fixe ; vingt, trente, cinquante sujets doivent être visités, comparés ; la foule est là qui attend. Mille obstacles imprévus viennent retarder, compliquer les opérations du jury. Il est convenu d'avance, tacitement, que l'on primera les plus beaux produits, c'est-à-dire, les plus gros, les plus gras, les plus ronds, ou les plus fringants, sans se préoccuper de la pensée qui a présidé à la rédaction du programme, du but ultérieur que l'on poursuit. Et s'il y a un poulain qui s'agite, qui hennisse, qui fasse faire un large cercle autour de lui, qui paraisse être le favori de la galerie qui admire sans comprendre, celui-là aura la préférence, à quelque race qu'il appartienne, quels que soient les besoins de la localité, quelle que soit peut-être sa médiocrité. C'est beaucoup pour des hommes désintéressés, au point de vue particulier, de voir approuver leurs jugements. Et la responsabilité qui se partage, qui s'éparpille n'est pas sérieuse.

Il est peut-être stipulé sur le programme que l'étalon, que le poulain devront être employés à la reproduction; mais qui s'en occupe ensuite? Tel animal qui devait régénérer la race de son canton, et qui reçoit une prime dans cette espérance, est vendu ou émasculé le lendemain de l'exhibition.

Une circonscription de quelque étendue, un département même, appelés à concourir pour les primes offertes, ne présentent pas toujours les mêmes conditions de production. Ici le sol est humide, fertile, bien cultivé, riche en fourrages; là il est montueux, sec, maigre et pauvre : évidemment les chances ni les besoins n'y sont point égaux. Ici existe une race définie, caractérisée, ancienne peut-être; ailleurs on trouve des chevaux de toute origine, et la plupart ont été achetés : doit-on y encourager le même genre d'industrie, et dans une mesure pareille?

Le programme devrait faire la part de chacun. Oui sans doute. Mais là commence la difficulté. Puis tout n'est pas dit quand on a rédigé un programme, si bon qu'on le suppose; il faut encore en faire exécuter les prescriptions.

Dans les localités où l'on ne trouve pas de races distinctes, où la marche à suivre n'est pas tracée par les conditions de la production, l'institution des primes est d'un faible secours. Pour en obtenir des effets bons ou mauvais, il faut quelque chose d'établi, un fonds sur lequel on puisse travailler, qu'on me passe l'expression. Là où n'existe pas de production déterminée, ayant sa raison d'être, aucune amélioration n'est à chercher; et quelques primes ne suffisent pas pour créer l'industrie.

L'établissement d'une race, la création d'une industrie aussi incertaine dans ses résultats que celle du cheval, sont choses longues et difficiles. On n' y arrive qu'avec du temps, des sacrifices et surtout de la persévérance dans une voie déterminée. Que peuvent faire pour cela quelques primes données à la hâte à quelques étalons, à quelques poulains?

Dans un pays où n'existe pas encore de race, primer des poulains entiers, des chevaux entiers qui ne seront peut-être même pas employés à se propager, à quoi cela peut-il aboutir? Et donner des primes à des chevaux hongres achetés la veille, n'est-ce pas pis encore?

Dans une contrée qui ne fait pas naître, qui n'élève pas, qui achète pour ses besoins, que peut-on vouloir en y établissant des concours de chevaux? y importer, y constituer l'industrie de la production ou de l'élevage, apparemment. Agir autrement, offrir des primes à des individus achetés au dehors, qui ne doivent pas, qui ne peuvent être utilement employés à se reproduire, ce n'est point encourager une industrie locale, c'est donner un encouragement, c'est payer un tribut à une production étrangère.

Solliciter l'introduction des étalons dans des conditions semblables, c'est vouloir commencer l'édifice par le sommet. C'est comme si l'on provoquait l'importation des instruments agricoles perfectionnés, de la culture alterne, des récoltes industrielles dans un pays de montagne soumis au régime pastoral et où les bras sont rares. Encouragez, encouragez l'achat de bonnes poulinières, donnez des primes aux juments qui auront été couvertes par des étalons d'un mérite vrai, et, après quelques générations, l'élément femelle, eût-il été même un peu disparate dès le commencement, se sera moulé sur votre sol, adapté à vos ressources locales, vous aura fourni un fonds que vous pourrez améliorer, auquel vous pourrez ensuite demander les plus riches productions. Des concours établis sur ces principes auront un sens, un but déterminé; continués avec persévérance et avec suite, ils auront certainement d'utiles résultats.

On dit, je le sais, que l'espèce est devenue meilleure depuis dix, quinze ou vingt ans que l'on distribue des primes, dans ces contrées mêmes, sans qu'on y ait poursuivi l'amélioration par les juments, sans qu'aucune race particulière y ait été créée. Mais il ne faut pas faire honneur de ces changements aux récompenses décernées. Ils doivent être rapportés aux perfectionnements qu'a reçus l'agriculture, à l'extension des cultures fourragères, qui a permis de mieux nourrir les animaux, à l'amélioration des voies de communication. Le cultivateur est mieux vêtu, mieux nourri qu'autrefois, cela est incontestable; c'est que sa condition générale est devenue meilleure, et que le goût des commodités de la vie, l'appétit du bien-être, du confortable, se sont répandus partout et sur tout, depuis quelque temps. Et lorsque le moyen de satisfaire ces besoins existe, le changement s'étend aussi bien au cheval qu'à la charrette. Quelques primes données à des poulains ou à des chevaux achetés n'y ont rien fait.

Je suis bien loin de prétendre que les concours agricoles n'aient pas leur côté utile et qu'il soit d'une bonne politique, d'une économie bien entendue de les supprimer. Je cherche seulement à m'éclairer sur leur compte, et en comparant avec les résultats qu'ils produisent, les sacrifices qu'ils ont coûtés, à déterminer dans quelle limite ils ont fait le bien; enfin, je me demande s'il n'y aurait pas avantage à les organiser différemment, en consultant un peu plus la situation de l'espèce ou le caractère de la production dans chaque localité. On l'a dit avec raison, toute assemblée nombreuse éveille et met en action le génie national. L'homme languit s'il est isolé et sans témoins. La moitié de son âme et de ses facultés s'endort dans l'inaction.

Je ne me suis occupé que des exhibitions relatives aux chevaux ; je les aurai seules en vue, en résumant ma pensée sur le sens dans lequel les encouragements sous forme de primes me paraîtraient devoir être offerts.

Localités où existe une race définie et où l'on fait naître : Primes aux meilleures poulinières de la race, et aux étalons, si la race doit être conservée, ou aux étalons améliorateurs, si la race est l'objet d'un travail de perfectionnement.

Localités où l'on élève seulement sans faire naître : Primes aux meilleurs produits dont l'élevage est le plus conforme aux ressources de la localité et aux intérêts généraux du pays.

Localités où l'on ne fait pas naître, où l'on n'élève pas, et, conséquemment, ne se trouvent pas de races définies : Primes aux meilleures juments suitées ou pleines du fait d'un étalon national, approuvé ou autorisé.

Je ne pense pas que les primes donnent des résultats proportionnés aux plus fortes primes offertes, et en conséquence que les concours à grandes circonscriptions, lorsqu'il s'agit des animaux reproducteurs, soient les plus rationnels et les plus productifs. Je ne suis donc pas, en principe, ni pour les fortes primes, ni pour les circonscriptions étendues.

Je terminerai ce mémoire incomplet sur la production des chevaux en France, par quelques tableaux indiquant les lieux où le commerce et l'armée peuvent se remonter, dans les diverses catégories dont ils ont besoin. Je donne ces indications d'après l'important travail de statistique dressé par M. Gayot, sans distinction de race, parce que cette distinction ne peut plus être faite aujourd'hui avec une exactitude suffisante, les races définies perdant chaque jour davantage de leurs caractères propres par les croisements et toutes les mesures d'amélioration dont elles sont l'objet.

Chevaux de selle (*pur sang ou demi-sang*).

Arrondissements producteurs.

Alençon.	Bagnères.	Châteaulin.	Paris.
Angers.	Bellac.	Dax.	Pontoise.
Argelès.	Bordeaux.	Guingamp.	Senlis.
Argentan.	Brives.	Limoges.	Tarbes.
Aurillac.	Carcassonne.	Oloron.	Versailles.

Chevaux de cavalerie légère (1).

Arrondissements producteurs.

Agen.	Châteaulin.	Le Puy.	Nancy.
Alby.	Châteausalins.	Lesparre.	Napoléon-Vend.
Angoulême.	Cherbourg.	Le Vigan.	Narbonne.
Argelès.	Cognac.	Limoux.	Nérac.
Arles.	Commercy.	Lombez.	Neufchâteau.
Aurillac.	Condom.	Lorient.	Nîmes.
Autun.	Confolens.	Loudun.	Niort.
Avallon.	Coutances.	Lunéville.	Nontron.
Avignon.	Dax.	Marmande.	Oloron.
Barbezieux.	Epinal.	Marvejols.	Orthez.
Baugé.	Espalion.	Mauléon.	Paimbœuf.
Bayonne.	Figeac.	Mauriac.	Pamiers.
Bazas.	Fontenay.	Mende.	Pau.
Bellac.	Gaillac.	Metz.	Périgueux.
Bergerac.	Gannat.	Milhau.	Ploermel.
Béziers.	Guéret.	Mirande.	Poitiers.
Bourganeuf.	Guingamp.	Mirecourt.	Pontivy.
Boussac.	Gourdon.	Moissac.	Quimper.
Brest.	Jonzac.	Mont-de-Marsan.	Quimperlé.
Brioude.	Lapalisse.	Montélimart.	Rhodez.
Cahors.	La Tour-du-Pin.	Montluçon.	Ribérac.
Castres.	Lavaur.	Mortain.	Riom.
Charolles.	Lectoure.	Muret.	Saintes.

(1) Ce titre caractérise le genre de production dans l'arrondissement. Mais la même localité peut donner des chevaux appartenant à des catégories diverses ; dans ce cas, son nom se trouve contenu dans plusieurs listes. On conçoit d'autre part que les individus produits se rattachent ou non à une race déterminée, sont plus ou moins bien appropriés au service indiqué, et enfin qu'ils ont du sang ou sont tout à fait communs.

St-Brieuc.	Sarrebourg.	Strasbourg.	Villen.-d'Agen.
St-Flour.	Sarreguemines.	Toul.	Villen.-sur-Lot.
St-Gaudens.	Savenay.	Toulon.	Vire.
St-Girons.	Saverne.	Tulle.	Vitré.
St-Jean-d'Angély.	Sedan.	Vannes.	Vouziers.
St-Sever.	Segré.	Vassy.	Wissembourg.

Chevaux de cavalerie de ligne.

Arrondissements producteurs.

Amiens.	Commercy.	Les Sables d'Ol.	St-Amand.
Ancenis.	Coutances.	Libourne.	St-Lô.
Angers.	Dôle.	Lisieux.	St-Pol.
Angoulême.	Doullens.	Mâcon.	Saverne.
Argentan.	Foix.	Mamers.	Schlestadt.
Auch.	Fontenay.	Marennes.	Segré.
Avranches.	Gray.	Mézières.	Strasbourg.
Bordeaux.	Guéret.	Mirande.	Toulouse.
Bourg.	Guingamp.	Nantes.	Valence.
Brest.	Issoire.	Napoléon-Vend.	Valenciennes.
Cambrai.	La Châtre.	Nevers.	Valognes.
Castel-Sarrasin.	Lannion.	Niort.	Villefranche.
Castres.	La Réole.	Pamiers.	Vitry-le-Français
Châlons-s-Marne.	La Rochelle.	Perpignan.	Vouziers.
Charolles.	Leblanc.	Prades.	Yvetot.
Civray.	Lectoure.	Quimper.	
Clermont.	Lesparre.	Rochefort.	

Chevaux de cavalerie de réserve.

Arrondissements producteurs.

Bar-sur-Aube.	Jonzac.	Morlaix.	Saintes.
Bayeux.	Laon.	Nantes.	St-Amand.
Bernay.	Lizieux.	Niort.	St-Lô.
Falaise.	Marennes.	Pont-l'Évêque.	Vitry-le-Français

Chevaux d'attelages pour l'armée.

Arrondissements producteurs.

Abbeville.	Avesnes.	Belfort.	Boulogne.
Argentan.	Bayeux.	Besançon.	Bourges.
Arras.	Beaune.	Blaye.	Bressuire.

Brest.	Falaise.	Montmédy.	St-Marcellin.
Briey.	Gray.	Montreuil.	St-Omer.
Caen.	Grenoble.	Morlaix.	St-Pol.
Cambrai.	Jonzac.	Mortagne.	St-Quentin.
Châteaubriant.	La Châtre.	Neuchâtel.	Saverne.
Château-Gontier.	Langres.	Niort.	Semur.
Châtellerault.	Lannion.	Parthenay.	Thionville.
Chaumont.	La Rochelle.	Péronne.	Valenciennes.
Cherbourg.	Laval.	Poligny.	Vervins.
Compiègne.	Le Hâvre.	Pont-l'Évêque.	Vesoul.
Dijon.	Mamers.	Réthel.	Vitry-le-Français
Dinan.	Mayenne.	Romorantin.	Vouziers.
Domfront.	Metz.	Rouen.	
Dreux.	Mézières.	St-Brieuc.	
Epernay.	Montdidier.	St-Lô.	

Chevaux d'attelages (*carrossiers*).

Arrondissements producteurs.

Bayeux.	Cherbourg.	Oloron.	Pont-l'Evêque.
Beaupréau.	Les Sables d'Ol.	Pau.	Saumur.
Caen.	Mauléon.	Pont-Audemer.	Valognes.

Chevaux de postes et diligences.

Arrondissements producteurs.

Amiens.	Châteauroux.	Dunkerque.	Louhans.
Arcis-sur-Aube.	Châtellerault.	Epernay.	Lure.
Argentan.	Châtillon-s-Seine	Evreux.	Mayenne.
Bar-le-Duc.	Chinon.	Fontainebleau.	Melle.
Baugé.	Civray.	Guingamp.	Montfort.
Baume.	Clamecy.	Hazebrouck.	Montmorillon.
Bernay.	Colmar.	Issoudun.	Morlaix.
Blois.	Dieppe.	Joigny.	Mortagne.
Brest.	Dinant.	Laon.	Moulins.
Chalons-s-Saône.	Domfront.	La Flèche.	Nogent-le-Rotrou
Chartres.	Douai.	Le Mans.	Nogent-sur-Seine
Château-Chinon.	Doullens.	Lille.	Poitiers.
Châteaudun.	Dreux.	Loches.	Pont-Audemer.

Provins.	Rochefort.	St-Malô.	Tours.
Redon.	St-Brieuc.	Ste-Menehould.	Vesoul.
Rennes.	St-Jean-d'Angély.	Sens.	Vire.

Chevaux de roulage.

Arrondissements producteurs.

Abbeville.	Cosne.	Lure.	St-Calais.
Altkirch.	Coulommiers.	Meaux.	St-Etienne.
Arcis-sur-Aube.	Dijon.	Melun.	Ste-Menehould.
Auxerre.	Dinant.	Mézières.	St-Omer.
Bar-sur-Seine.	Epernay.	Montargis.	St-Pol.
Baume.	Fontainebleau.	Montbéliard.	St-Quentin.
Beaune.	Fontenay.	Montbrison.	Sancerre.
Beauvais.	Fougères.	Montdidier.	Sedan.
Belfort.	Gien.	Morlaix.	Senlis.
Béthune.	Guingamp.	Napoléon-Vend.	Soissons.
Blois.	Joigny.	Orléans.	Tonnerre.
Brest.	Langres.	Péronne.	Tournon.
Châlons-s-Marne	Lannion.	Pithiviers.	Tours.
Chartres.	Laon.	Pontarlier.	Trévoux.
Châteaudun.	La Flèche.	Privas.	Troyes.
Château-Thierry.	Le Hâvre.	Reims.	Vassy.
Chatillon-s-Seine	Le Mans.	Roanne.	Vendôme.
Chaumont.	Les Andelys.	Rocroy.	Vervins.
Chinon.	Loches.	Romorantin.	Vienne.
Clermont.	Lons-le-Saulnier	Rouen.	
Colmar.	Louviers.	St-Brieuc.	

Mulets (1).

Arrondissements producteurs.

Agen.	Alby.	Aurillac.	Barbezieux.
Aix.	Apt.	Avignon.	Barcelonnette.
Alais.	Aubusson.	Bagnères.	Beaupréau.

(1) Bien que, dans ce travail, je ne me sois pas occupé des mulets, j'ai cru devoir indiquer les lieux où on en fait naître. L'industrie du mulet s'est beaucoup étendue en France, par suite des exportations vers l'Espagne et de la conquête de l'Algérie.

Bellac.	Digne.	Marvejols.	Prades.
Belley.	Draguignan.	Mauriac.	Rhodez.
Bergerac.	Embrun.	Melle.	Ribérac.
Béziers.	Figeac.	Milhau.	Rochechouart.
Blaye.	Florac.	Mirande.	Ruffec.
Bressuire.	Foix.	Moissac.	St-Affrique.
Brignoles.	Fontenay.	Montauban.	St-Flour.
Brioude.	Forcalquier.	Montmorillon.	St-Girons.
Brives.	Gaillac.	Montpellier.	St-Marcellin.
Cahors.	Gap.	Muret.	St-Yriex.
Carcassonne.	Gourdon.	Nantua.	Sarlat.
Carpentras.	Grasse.	Narbonne.	Saumur.
Castellane.	Grenoble.	Nérac.	Tarbes.
Castelnaudary.	Le Puy.	Nîmes.	Thiers.
Céret.	Le Vigan.	Niort.	Toulon.
Châtellerault.	Libourne.	Nontron.	Toulouse.
Civray.	Limoges.	Nyons.	Ussel.
Clermont-Ferr.	Limoux.	Pamiers.	Uzès.
Cognac.	Lodève.	Parthenay.	Valence.
Condom.	Lons-le-Saulnier	Périgueux.	Villefranche.
Confolens.	Loudun.	Perpignan.	
Die.	Marmande.	Poitiers.	

(Extrait des *Annales de la Société impériale d'agriculture, d'histoire naturelle et des arts utiles de Lyon.* — 1853.)

www.ingramcontent.com/pod-product-compliance
Ingram Content Group UK Ltd.
Pitfield, Milton Keynes, MK11 3LW, UK
UKHW021536260726
13993UKWH00002B/539